国家制造业信息化
三维 CAD 认证规划教材

从 AutoCAD 到 CAXA 电子图板

北航 CAXA 教育培训中心	组　编
国家制造业信息化三维 CAD 认证 培训管理办公室	审　定

张安鹏　王　锦　王　军　等编著

北京航空航天大学出版社

内 容 简 介

简要介绍国产绘图软件CAXA电子图板与AutoCAD主要功能的比较,并结合实例详细介绍CAXA电子图板中各功能的使用方法。

本书是国家制造业信息化三维CAD认证培训规划教材,可作为机械制造、机电一体化等相关专业本、专科学生学习的参考教材,还可作为AutoCAD的使用者熟悉和了解CAXA电子图板的参考书。

图书在版编目(CIP)数据

从 AutoCAD 到 CAXA 电子图板/张安鹏等编著. —北京:
北京航空航天大学出版社,2007.1
ISBN 978-7-81077-948-7

Ⅰ. 从… Ⅱ. 张… Ⅲ.①计算机辅助设计—应用软件,AutoCAD②自动绘图—软件包,CAXA
Ⅳ. TP391.72

中国版本图书馆CIP数据核字(2006)第151492号

从AutoCAD到CAXA电子图板
北航 CAXA 教育培训中心　组　编
国家制造业信息化三维CAD认证
　　培训管理办公室　　　　审　定
张安鹏　王　锦　王　军　等编著
责任编辑　王　实
*
北京航空航天大学出版社出版发行
北京市海淀区学院路37号(100083)　发行部电话:010-82317024　传真:010-82328026
http://www.buaapress.com.cn　E-mail:bhpress@263.net
涿州市新华印刷有限公司印装　各地书店经销
*
开本:787×960　1/16　印张:17　字数:381千字
2007年1月第1版　2007年1月第1次印刷　印数:4 000册
ISBN 978-7-81077-948-7　　定价:27.00元

国家制造业信息化三维 CAD 认证规划教材编写委员会

顾　　问（按姓氏笔画顺序）

　　乔少杰　北京航空航天大学出版社社长
　　刘占山　教育部职业教育与成人教育司副司长
　　孙林夫　四川省制造业信息化工程专家组组长
　　朱心雄　北京航空航天大学教授
　　祁国宁　浙江大学教授、科技部 863/CIMS 主题专家
　　杨海成　国家制造业信息化工程重大专项专家组组长
　　陈　宇　中国就业培训技术指导中心主任
　　陈李翔　劳动和社会保障部中国就业培训技术指导中心副主任
　　唐荣锡　中国图学学会名誉理事长、北京航空航天大学教授
　　唐晓青　北京航空航天大学副校长、科技部 863/CIMS 主题专家
　　席　平　北京工程图学学会理事长、北京航空航天大学教授、CAD 中心主任
　　黄永友　《CAD/CAM 与制造业信息化》杂志总编
　　游　钧　劳动和社会保障部劳动科学研究所所长
　　韩新民　机械科学院系统分析研究所所长
　　雷　毅　CAXA 总裁
　　廖文和　江苏省数字化设计制造工程中心主任

主任委员

　　鲁君尚　赵延永　王　锦　赵清宁

编　　委（按姓氏笔画顺序）

　　王　锦　王芬娥　王周锋　史新民　叶　刚　任　霞
　　邢　蕾　佟亚男　吴隆江　张安鹏　李绍鹏　李培远
　　陈　杰　周运金　梁凤云　黄向荣　虞耀君　蔡微波

本书作者

　　张安鹏　王　锦　王　军　等

前　言

目前，机械行业使用的计算机绘图软件品种较多，大多数软件是以 AutoCAD 为平台二次开发而成的。AutoCAD 是目前世界上应用最广泛的 CAD 软件，广泛应用于城市规划、建筑、测绘、机械、电子、造船和汽车等许多行业，市场占有率位居世界第一。统计资料表明，目前世界上有 75% 的设计部门、数百万的用户应用此软件，大约有 50 万套 AutoCAD 软件在各企业中运行。

CAXA 电子图板是我国自行开发，具有自主知识产权的二维专业绘图软件，已经连续五年荣获"国产十佳软件称号"。CAXA 电子图板定位于快速崛起的中国制造业，除了基本的辅助绘图功能外，软件还根据中国机械行业的特点提供了丰富的标准件图库。虽然刚开始 CAXA 并不直接兼容 AutoCAD，但鉴于 AutoCAD 的广泛应用，CAXA 电子图板也提供了与 AutoCAD 的兼容接口。为了让用户接受国产软件，CAXA 承担了国产 CAD 软件的普及工作，与中国工程图学学会等机构合作，在教育行业以极低的价格提供给学校，供学生使用。CAXA 这样做其实就是让设计师从学生时代就开始接受国产软件。所以，CAXA 电子图板在 CAD 软件市场取得了成功，累计销售 CAXA 电子图板 10 万套，成为市场占有率最高的国产 CAD 软件。

CAXA 电子图板的功能简捷、实用，每增加一项新功能，都重新考虑国内客户的实际需求，适用于任何需要二维绘图的场合。它可以进行零件设计、装配图设计、零件图组装装配图、装配图拆画零件图、工艺图表设计、平面包装设计和电器图纸设计等，目前已在机械、电子、航空航天、汽车、船舶、轻工、纺织、建筑及工程建设等领域得到了广泛的运用。随着 CAXA 电子图板的不断完善，它将是设计工作中不可缺少的工具。

本书简要介绍国产绘图软件 CAXA 电子图板与 AutoCAD 主要功能的比较，并结合实例详细讲述 CAXA 电子图板在优势功能上的使用方法，使读者能够深刻感受到其在绘制机械工程图上的优势，为长期习惯 AutoCAD 的使用者熟悉和了解 CAXA 电子图板提供借鉴。

由于编者水平有限，编写时间仓促，书中难免存在遗漏和失误，恳请读者不吝批评指正。

联系方式是，E-mail：3ddl@3ddl.org，网址：www.3ddl.org

北航 CAXA 教育培训中心
国家制造业信息化三维 CAD 认证培训管理办公室

目 录

第1章 AutoCAD 与 CAXA 电子图板概述 ………… 1
1.1 我国 CAD 技术应用中存在的问题 ………… 2
1.2 CAD 技术的发展趋势 ………… 4
1.3 AutoCAD 与 CAXA 电子图板 ………… 6
1.3.1 AutoCAD 简介 ………… 6
1.3.2 CAXA 电子图板简介 ………… 7
1.3.3 用户界面 ………… 9
1.4 基本操作 ………… 11
1.4.1 命令的执行 ………… 11
1.4.2 点的输入 ………… 11
1.4.3 命令行与立即菜单 ………… 12
1.5 捕捉设置 ………… 13
1.6 图层、线型与颜色 ………… 15
1.7 三视图导航 ………… 22

第2章 图形的绘制 ………… 23
2.1 简单几何图元 ………… 24
2.2 高级几何图形绘制 ………… 41
2.3 体验实例 ………… 48

第3章 编辑工具 ………… 58
3.1 曲线编辑 ………… 58
3.2 属性编辑 ………… 73
3.3 鼠标右键操作功能中的图形编辑 ………… 76
3.4 图形编辑 ………… 77
3.5 格式刷 ………… 79
3.6 体验实例 ………… 79

第4章 块与图库 ………… 90
4.1 块操作 ………… 90
4.2 库操作 ………… 93
4.3 图库的管理 ………… 105
4.4 图库转换 ………… 110
4.5 构件库 ………… 111
4.6 技术要求库 ………… 112
4.7 体验实例 ………… 113

第5章 投影三维模型 ………… 127
5.1 生成标准视图 ………… 127
5.2 生成自定义视图 ………… 130
5.3 视图处理 ………… 130
5.4 生成剖视图 ………… 131
5.5 生成剖面图 ………… 133
5.6 视图的设置 ………… 133
5.7 体验实例 ………… 133

第6章 工程标注 ………… 140
6.1 标注风格 ………… 140
6.2 尺寸类标注 ………… 144
6.2.1 "尺寸标注"命令 ………… 144
6.2.2 "坐标标注"命令 ………… 153
6.2.3 倒角标注 ………… 159
6.2.4 公差与配合标注 ………… 160
6.3 工程符号类标注 ………… 163
6.3.1 基准代号 ………… 163
6.3.2 形位公差的标注 ………… 164

6.3.3 表面粗糙度的标注 …………… 166
6.3.4 焊接符号 ………………………… 167
6.3.5 剖切符号 ………………………… 169
6.4 文字类标注 …………………………… 169
　6.4.1 文本风格 ……………………… 170
　6.4.2 文字标注 ……………………… 171
　6.4.3 引出说明 ……………………… 175
6.5 标注修改 ……………………………… 176
6.6 尺寸驱动 ……………………………… 178
6.7 体验实例 ……………………………… 179

第7章 图纸幅面 ……………………… 185

7.1 图纸幅面设置 ………………………… 185
7.2 图框设置 ……………………………… 187
7.3 标题栏设置 …………………………… 188
7.4 零件序号 ……………………………… 190
7.5 明细栏 ………………………………… 193
7.6 背景设置 ……………………………… 199
7.7 体验实例 ……………………………… 200

第8章 文件管理与数据接口 ………… 205

8.1 新建文件 ……………………………… 205
8.2 打开文件 ……………………………… 206
8.3 存储文件 ……………………………… 209
8.4 并入文件 ……………………………… 210
8.5 部分存储 ……………………………… 211
8.6 DWG/DXF 批转换器 …………………… 211
8.7 文件检索 ……………………………… 214
8.8 对象链接与嵌入(OLE)的应用 ……… 215
8.9 CAXA 实体设计三维数据接口 ……… 221

第9章 个人管理工具 ………………… 223

9.1 用户界面 ……………………………… 223
9.2 设置工作目录 ………………………… 224
9.3 新建文件 ……………………………… 224
9.4 图文档分类 …………………………… 225
9.5 打开和编辑文件 ……………………… 226
9.6 模板文件 ……………………………… 226
9.7 图文档浏览、查询与文件检索 ……… 227
9.8 文件版本记录 ………………………… 230
9.9 生成产品结构 ………………………… 230
9.10 汇总各种报表 ………………………… 234

第10章 外部工具 ……………………… 238

10.1 图纸管理 ……………………………… 238
10.2 打印排版 ……………………………… 253
10.3 CAXA_EB 文件浏览器 ……………… 259

第1章 AutoCAD 与 CAXA 电子图板概述

　　计算机辅助设计 CAD(Computer Aided Design)是利用计算机帮助工程设计人员进行设计。它主要应用于机械、电子、航空航天、建筑及纺织等产品的总体设计、造型设计和结构设计等环节。最早的 CAD 的含义是计算机辅助绘图。随着技术的不断发展，CAD 的含义发展为现在的计算机辅助设计。一个完善的 CAD 系统，应包括交互式图形程序库、工程数据库和应用程序库。

　　借助 CAD 技术，可以大大缩短设计周期，提高设计效率，更重要的是提高了设计质量。因此，CAD 技术已经得到了各国工程技术人员的高度重视。

　　对于产品或工程的设计，我国 CAD/CAM 技术的研究起步于 20 世纪 70 年代，当时仅有少数大型企业和科研单位以及部分高校参加，进展速度很慢。近年来，由于计算机价格的不断下降，加之改革开放和国内外市场激烈竞争形势的不断发展，促使我国科技人员采用新技术的积极性不断高涨，CAD/CAM 技术的优点也逐渐被更多的人所接受。近几年来，CAD 技术有了较快的发展，主要表现在以下几个方面：

　　① 少数大型企业已经建立起较完整的 CAD/CAM 系统并获得较好的效益。

　　几年来，少数大型企业在某一(和某些)专业领域大胆应用 CAD/CAM 技术后，真正提高了产品质量，缩短了生产周期，取得了较好的经济效益。这些企业认识到了 CAD/CAM 技术是提高生产效率必不可少的条件之一，如天津 712 厂、西安黄河机器制造厂和信息产业部 38 所等，它们在彩色电视机外壳注塑的设计制造及电路设计中采用 CAD 技术后，明显提高了经济效益，节省了大量外汇，并在已有的基础上进一步扩大了 CAD/CAM 技术在本单位的应用范围。

　　② 中小企业开始使用 CAD/CAM 技术。

　　进入 20 世纪 90 年代后，国内各工业部门都十分重视推广应用 CAD/CAM 技术，制定了发展计划，并对所属企业提出了具体要求。另外，少数大型企业采用 CAD/CAM 技术后产生的明显的经济效益，对中小企业的影响十分巨大。中小企业首先应用微机和相应的微机 CAD 软件组成 CAD 系统，进行机电产品的设计和工程图纸的绘制，与传统设计方法相比提高了效率；同时，应用范围也不断扩大，而且逐步深化。有的企业在原有的基础上还计划引进工程工作站和数控机床，实现 CAD 与数控加工相组合。

　　③ 我国已自行开发了大量实用的 CAD/CAM 软件。

　　从 20 世纪 70 年代中后期起，国内一些高等院校和科学院的研究所以及一些大型企业在 CAD/CAM 技术领域内进行了大量的研究工作，自行开发了一些实用的 CAD/CAM 软件。

由于这些软件价格比较便宜,维护和培训比较方便,所以便于推广应用。

④ 国内计算机生产厂商已能为 CAD/CAM 提供微机和工程工作站。

现在,国内市场上提供的微机价格比较便宜,性能也基本能够满足需要,不仅可以满足绘制二维工程图纸的要求,而且还可以做三维几何造型和复杂运算。工程工作站的价格也很便宜,而性能比微机好得多。这为推广应用 CAD/CAM 技术提供了一个良好的条件,如本书将要介绍的 CAXA 二维电子图板。

⑤ 引进国外成套的 CAD/CAM 设备。

在改革开放和发展市场经济的条件下,一些经济效益好的企业从国外引进一些成套的功能较强的 CAD/CAM 系统,这对提高我国 CAD/CAM 技术的水平是十分有用的。

我国在 CAD/CAM 技术的普及方面已经取得了一定的成绩,但这还远远不够,甚至可以说,目前我国企业对 CAD/CAM 技术的普及应用程度还很低,在几年前"甩图板"工程的带动下,计算机出图率有较大的提高,但企业在使用 CAD/CAM 技术的水平和效率方面仍然很低,没有体现计算机辅助设计这个概念,只是把图板上的工作原原本本移到了计算机屏幕上,甚至有许多知名企业目前仍然依靠一些非正版的平台软件绘图,其效率和质量的低下已经严重地阻碍了企业的发展。制造业企业竞争力的根本来源是设计生产水平的提高,而在观念上的转变将是关系我国企业与世界接轨的关键因素。为了促进我国 CAD/CAM 技术的发展和普及应用,应根据各单位的实际需要尽快地培养一支掌握 CAD/CAM 技术的人才队伍,而这些人员还应该掌握本专业的理论和技术知识。当然,这支队伍的组成应有一定的层次。对现有的工程技术人员进行 CAD/CAM 技术培训,使他们快速掌握 CAD/CAM 技术,是推广应用 CAD/CAM 技术的关键。

1.1 我国 CAD 技术应用中存在的问题

在我国,CAD/CAM 研究普遍存在着科研水平较高,商品化程度较低的特点,很多科研成果不能及时转换为生产力,因而长期以来进口软件便成为唯一的选择。许多企业上了 CAD/CAM 项目,有的投资额高达数百万元,购置了当时较为先进的工作站、小型机系统,但现在绝大多数都已束之高阁,造成了大量人力、物力的浪费。究其原因:一是国外 CAD/CAM 软件和工作站等硬件产品价格昂贵,动辄几万、几十万美金,给企业造成沉重的经济负担;二是软硬件操作复杂,不但要求使用者具有较高的数控加工经验,而且要求具有较高的计算机水平和英语基础,这样的人才十分难得且培训周期长;三是国外 CAD/CAM 软件企业主要通过国内代理销售,由于客观原因,大多技术支持能力较弱,响应缓慢。这些因素使得 CAD/CAM 技术成为国内制造企业的一块心病。

近年来,情况有了转机。随着改革开放的深入,沿海和内地的一些地区经济活动日益活跃,特别是广东沿海和江南地区产生了一大批中、小型制造企业。面对激烈的市场竞争,产品生命周期不断缩短,多品种、小批量生产比例增加,如何缩短产品的设计、制造周期成为这些企业生存的关键。这一批中小型制造企业迫切要求配备功能完备、价格廉宜、学习简便和技术支持良好的 CAD/CAM 软件,形成了强大的市场需求。更重要的是,随着微机功能的不断增强,在很多领域已可替代工作站,使硬件投资大大降低。在这一时期,国产 CAD/CAM 技术也得到了长足的发展,大批优秀国产 CAD/CAM 软件推向市场,它们不仅在技术上已经接近或达到世界先进水平,而且在价格、使用习惯和技术支持上更有进口软件难以比拟的优势。原国家科委提出"甩图板"号召以来,设计人员使用自主知识产权的国产 CAD/CAM 软件已成为大势所趋。目前,在二维软件方面,国产 CAD/CAM 软件主要有两个发展方向:一是自主平台的 CAD/CAM 软件,二是基于国外优秀平台软件的二次开发软件(主要是基于 AutoCAD)。这两方面的应用软件基本上占领了国内绝大部分的二维应用软件市场。在三维软件方面,国内也推出了一些较为优秀的产品,但是毕竟由于时间的限制和应用经验的缺乏,与国外优秀的三维软件相比,国产三维 CAD/CAM 软件还需要在功能和实用性方面做更多的工作。当然,企业在选型时,也要根据自己的具体需求,量力而行。一般来说国产软件,价格较低,并且完全能够满足大多数企业的实际需求,因此就没有必要花上几倍的价格,购买一些用不上的功能。

CAD/CAM 软件在我国制造行业设计中已得到广泛应用,但在实际工作中还存在一些问题,下面一一分析说明。

(1)标准化工作

标准化是企业技术工作的一个重要部分。当应用 CAD/CAM 软件时,企业技术部门首先应根据 CAD/CAM 软件的特点,对企业已有的标准进行修订或订立新的标准。例如,计算机绘图时图线的宽度,标注字体的字型及大小,图纸标题栏与明细表格式,图纸编号及图形文件命名规划,图文档的管理与保存(纸介质、磁盘、光盘),等等。只有统一了标准做法,才会使企业的技术文件符合有关的标准化要求,相互一致。

(2)网络化

网络化是当前的一个趋势。软件应用 CAD/CAM 采用网络可以实现信息共享,给设计工作带来极大的便利。由于 CAD/CAM 的实时数据交换量极大,采用主机分时系统会降低设计效率,最佳方案是各节点独立完成设计工作,网络的作用是各节点有关资源的相互调用。同时,由于知识产权保护的需要,CAD/CAM 软件一般都有自己的加密措施(如加密锁或钥匙盘),以维护软件开发商的合法权益,因而在计算机网络的实施方案上出现两种情况:一是仅在服务器上安装一个加密锁,二是在各节点机上分别安装加密锁。显然,前者便于资产管理,后者可脱离网络单机运行,各有优点。

(3)使用人员与维护人员对软件功能认识的差异

通常,CAD/CAM 软件的使用人员是专业技术人员。他们关心的是所选择的 CAD/CAM 软件能否满足他们工作的需要,是否好用,而不太关心软件是怎么开发出来的,功能是否覆盖了 CAD/CAM 的所有领域,是否反映了 CAD/CAM 技术研究的最新成果。而系统维护人员

从 AutoCAD 到 CAXA 电子图板

大多是计算机专业人员,他们考察软件的出发点不同,如:是否具有二次开发语言接口及运行平台如何等。有些提出的问题与企业的技术工作相脱节。因此,CAD/CAM 系统的选型应以 CAD/CAM 系统的使用人员为主。

(4) 软件的技术先进性与实用性

很多企业在选择软件时,都希望选用技术最先进、功能最齐全的 CAD/CAM 软件。实际上,各种 CAD/CAM 软件都有各自独特的一些功能。对于企业来说,其人员配备、使用目的、管理流程等方面的差异,都对 CAD/CAM 软件的选型产生重大影响。所以,并不是最新的技术就能产生最好的应用,在选型时应根据企业本身的特点选择最实用的软件。

(5) 持续性与发展性

企业一旦选定某个 CAD/CAM 软件,经过几年甚至更长时间的技术积累,其中很多技术资料(如图纸、工艺卡片等)已以基于该软件的电子文档方式存储。随着应用水平的提高,必然会对软件有越来越高的要求,如果企业另外选择其他 CAD/CAM 软件来替代现有的软件,将要下很大的决心并会给工作带来不可避免的损失。因此,在选择软件时,对其提供商或开发商的考察就非常重要。对于软件开发商,应能不断提高其产品的性能以满足企业生产中出现的各种需求;对于软件提供商,还要能够不断提供后续服务。近几年,软件开发商由于自身的原因倒闭或撤出中国市场的事例已有几起,给用户造成的损失想必只有应用单位才有最深刻的体会。因此,企业在选择关键软件时应将开发商的持续发展能力作为一条考核标准。这种持续发展的实力包括软件研发及对本地市场的长期投入等方面。

(6) 兼容性

软件的兼容性问题是很重要的。一个优秀的软件应该具有很好的兼容性,使企业在发展过程中,可以购买其他方面的系统,并顺利地进行集成,而以前购买的系统也可以充分利用。这样,既保护了企业用户的投资,也能够帮助企业顺利地进行信息化建设。另外,更重要的是,企业不会因为使用了某一个特定的软件产品而对该软件公司产生很强的依赖性,这样即使该公司倒闭了,也不会对企业造成太大的损失。

1.2 CAD 技术的发展趋势

现在,随着计算机性能的提高,其价格成倍下降;随着网络通讯的普及化、信息处理的智能化、多媒体技术的实用化,CAD 技术的普及应用越来越广泛,越来越深入;CAD 技术正向着开放、集成、智能和标准化的方向发展。正确把握 CAD 技术的发展趋势,对于我国 CAD 软件行业开发适销对路的产品,对于企业正确选型和规划自身的 CAD 应用系统,都具有非常深远的意义。

1. 开 放

CAD 系统目前广泛建立在开放式操作系统 Windows 95/98/NT 和 UNIX 平台上,在

Java、LINUX 平台上也有 CAD 产品;此外,CAD 系统都为最终用户提供二次开发环境,甚至这类环境可开放其内核源码,使用户可定制自己的 CAD 系统。CAD 系统的开放性是决定其能否真正达到实用化、能否真正使之转化为现实生产力的基础。CAD 系统的开放性主要体现在系统的工作平台、用户接口、应用开发环境以及与其他系统的信息交换等方面。

(1) 工作平台

目前,CAD 系统的工作平台分为工作站加上 Unix/X_Window(××)操作系统和微机加 Windows 95/Windows 98 操作系统两种。Windows NT 虽然能兼顾两种操作系统的功能,但它并不是一个独立的平台。传统的 DOS 操作系统由于缺乏良好的开放性和用户友好性,已被 Windows 操作系统取代。工作站和微机作为两种系列的计算机互相补充,不会由一种取代另一种。网络计算机(NC)虽然呼声很高,但从其设计的初衷来看,暂时不可能成为 CAD 的工作平台。由于高性能的微机已经完全适用于与 CAD 相关的各部分工作,从而使 CAD 系统(含硬、软件)的性能价格比能被绝大多数企业所接受。近年将电视、网络通信和计算集成于一体的家庭型微机也同样是 CAD 的工作平台。

(2) 用户接口

传统 CAD 系统的用户界面是被动式的文字提示、键盘输入;20 世纪 90 年代本地语言的命令、菜单及图符使 CAD 系统进入交互工作方式;参数化设计与多媒体技术的深入开发,自适应的智能界面开始使用,如超文本性质的在线帮助使 CAD 系统的初学者与专家之间差别大大缩小,自然语言的理解和识别以及语言命令的使用提高了用户的工作效率,减轻了劳动强度;动态导航、约束驱动等绘图功能大大提高了绘图速度和精度。

(3) 二次开发环境

要使企业真正用好 CAD 系统、使之变成现实生产力,必须向企业提供易学易用的二次开发工具,即开发面向行业和企业应用的专用 CAD 软件和数据库。除了传统的函数库调用、Lisp 语言和 C 语言开发工具外,更需要系统开发单位能及时对用户进行技术支持和培训。现在按交互、对话的图声文方式提示用户构造适合行业、适合企业的 CAD 应用系统将会更加友好,更受用户欢迎。

2. 集　成

集成就是向企业提供 CAD/CAM 技术一体化的解决方案。集成的出发点是:企业中各个环节是不可分割的,必须统一考虑;企业的整个生产过程实质上是信息的采集、传递和加工处理的过程。

3. 智　能

智能 CAD 是 CAD 发展的主要方向。智能 CAD 不仅仅是简单地将现有的智能技术与 CAD 技术相结合,更要深入研究人类设计的思维模型,并用信息技术来表达和模拟它。这样,

 从 AutoCAD 到 CAXA 电子图板

不仅会产生高效的 CAD 系统,而且必将为人工智能领域提供新的理论和方法。CAD 的这个发展趋势,将对信息科学的发展产生深刻的影响。

要真正使产品、工程和系统的质量好、成本低、市场竞争力强,就需要用最好的设计、最好的加工和最好的管理,就十分迫切需要总结国内外相关产品、工程和系统的设计制造经验和教训,把成功的设计制造经验做成智能设计、智能制造系统去指导新产品、新工程和新系统的设计制造,这样才能使产品、工程和系统有创新性。显然,这是我们民族自立于世界之林的需要。

4. 标准化

CAD 软件一般是集成在一个异构的工作平台之上的,为了支持异构跨平台的环境,就要求它应是一个开放的系统。这里主要是靠标准化技术来解决这个问题。

除了 CAD 支撑软件逐步实现 ISO 标准和工业标准外,面向应用的标准构件(零部件库)、标准化方法也已成为 CAD 系统中的必备内容,且向着合理化工程设计的应用方向发展。

目前,标准有两大类:一类是公用标准,主要来自国家或国际标准制定单位;另一类是市场标准或行业标准,属私有性质。前者注重标准的开放性和所采用技术的先进性,而后者以市场为导向,注重考虑有效性和经济利益。后者容易导致垄断和无谓的标准战。

完善的 CAD 标准体系是指导我国标准化管理部门进行 CAD 技术标准化工作决策的科学依据,是开发制定 CAD 技术各相关标准的基础,也是促进 CAD 技术普及应用的约束手段。因此,在 CAD 应用工程中跟踪国际的相关标准、研究制定符合我国国情的 CAD 标准并切实加以执行,是促进我国 CAD 技术的研究开发和推广应用不断发展的重要保证。

1.3 AutoCAD 与 CAXA 电子图板

AutoCAD 与 CAXA 电子图板,是目前国内 CAD 二维绘图的主流软件。AutoCAD 主要用在机械、建筑和服装等行业,应用比较广。CAXA 电子图板主要运用在与机械相关的行业,相对来说应用范围比较窄。本书主要针对 AutoCAD 与 CAXA 电子图板在机械行业中的使用进行对比。

1.3.1 AutoCAD 简介

AutoCAD 是美国 Autodesk 企业开发的一个交互式绘图软件,是用于二维及三维设计、绘图的系统工具,用户可以用它来创建、浏览、管理、打印、输出、共享及准确使用富含信息的设计图形。

AutoCAD 是目前世界上应用最广的 CAD 软件,市场占有率位居世界第一。AutoCAD 软件具有如下特点。

(1) 图形绘制功能

图形绘制是 AutoCAD 的核心功能,主要作用是绘制各类几何图形以及对绘制好的图形进行尺寸标注。

(2) 编辑功能

编辑功能是对已有的图形进行尺寸操作,包括形状和位置改变、属性设置、复制、删除、剪贴和分解等。

(3) 辅助功能

辅助功能主要是辅助绘制图形以及编辑图形,包括显示控制、列表查询、坐标系建立和管理、视区操作、图形选择、点的定位控制和求助信息查询等。

(4) 文件管理功能

文件管理功能用于图纸文件的管理,包括存储、打开、打印、输入和输出等。

(5) 三维功能

三维功能用于建立、观察和显示各种三维模型,包括线框模型、曲面模型及实体模型。

(6) 数据库的管理与连接

数据库的管理与连接功能通过链接对象到外部数据库中实现图形智能化,并且帮助用户在设计中管理和实时提供更新信息。

此外,从 AutoCAD 2000 开始,该系统又增添了许多强大的功能,如 AutoCAD 设计中心(ADC)、多文档设计环境(MDE)、Internet 驱动、新的对象捕捉功能、增强的标注功能以及局部打开和局部加载的功能,从而使 AutoCAD 系统更加完善。

虽然 AutoCAD 本身的功能集已经足以协助用户完成各种设计工作,但用户还可以通过 Autodesk 以及数千家软件开发商开发的 5 000 多种应用软件把 AutoCAD 改造成为满足各专业领域的专用设计工具。这些领域包括建筑、机械、测绘、电子及航空航天等。

1.3.2 CAXA 电子图板简介

CAXA 电子图板是我国自主知识产权的二维专业绘图软件,已经连续五年荣获"国产十佳软件称号"。CAXA 电子图板定位于快速崛起的中国制造业,除了基本的辅助绘图功能,软件还根据中国机械行业的特点提供了丰富的标准件图库。虽然刚开始 CAXA 并不直接兼容 AutoCAD,但鉴于 AutoCAD 的广泛应用,CAXA 电子图板也提供了与 AutoCAD 的兼容接口。为了让用户接受国产软件,CAXA 公司承担了国产 CAD 软件的普及工作,与中国工程图学学会等机构合作,在教育行业以极低的价格提供给学校,供学生使用。CAXA 公司这样做其实就是让设计师从学生时代就开始接受国产软件。所以,CAXA 电子图板在 CAD 软件市场取得了成功,累计销售 CAXA 电子图板 10 万套,成为市场占有率最高的国产 CAD 软件。

作为绘图和设计的平台,CAXA 电子图板将设计人员从繁重的设计绘图工作中解脱出

来,大大提高了设计效率,缩短了新产品的设计周期,并有助于促进产品设计的标准化、系列化、通用化,使得整个产品规范化。CAXA 电子图板的功能简捷、实用,适用于任何需要二维绘图的场合,每增加一项新功能,都考虑到国内客户的实际需求。它可以进行零件设计、装配图设计、零件图组装装配图、装配图拆画零件图、工艺图表设计、平面包装设计和电器图纸设计等,目前已在机械、电子、航空航天、汽车、船舶、轻工、纺织以及建筑工程建设等领域得到了广泛运用。随着 CAXA 电子图板的不断完善,它将是设计工作中不可缺少的工具。

CAXA 电子图板有如下特点。

(1) 编辑与绘图

强大的智能化图形绘制和编辑功能,可绘制各种复杂的工程图纸。

(2) 动态导航定位

绘制图形时系统自动捕捉中点、端点和垂足点等特征点,成倍提高工作效率。

(3) 工程标注

工程标注符合国标,处处体现"所见即所得"的智能化思想,系统会自动捕捉设计意图,所有细节自动完成。

(4) 标准图库

标准图库符合最新国家标准中丰富的参量化标准图库,共有 20 多个大类,1 000 余种,近 30 000 个规格的标准图符,并提供完全开放式的图库管理和定制图库手段,可方便快捷地建立和扩充自己的参数化图库。

(5) 二维数据接口

丰富的数据接口功能,与 AutoCAD 进行数据交换畅通无阻。

(6) 工程图输出

支持市场上主流的 Windows 驱动打印机和绘图仪,并提供了指定打印比例、拼图和排版等多种输出方式,保证了出图效率,节省了时间和资源。

(7) 智能化图纸管理

图纸管理功能按产品的装配关系建立层次清晰的产品树,自动提取相关数据,方便用户对图纸的管理、编辑和修改,并可对产品树中的信息进行查询、统计,按要求自动生成分类 BOM 表、装配 BOM 表。

(8) 三维数据接口

读入多种格式的三维数据(Catia V4,Pro/E 2001,STEP 203,X_T,SAT 等),提供对三维模型的浏览(旋转、放大、缩小)和测量功能,输出多种格式的三维数据。(注:该功能仅为电子图板专业版具有)

(9) 三维数据直接转为二维工程图纸

将三维数据直接投影到二维工程图纸上,提供多种视图功能,直接生成符合工程图绘制要求的各种视图,如标准三视图、剖视图、局部放大图和方向视图等。(注:该功能仅为电子图板

专业版具有）

(10) 个人管理工具 XP（电子图板专业版附赠的独立安装产品）

个人管理工具主要是面向个人的文档管理系统，可以管理 CAXA 系列的文档及其他各类电子文档；提供文档分类存储、文档检索和浏览、版本控制、生成产品结构及汇总输出明细表的功能。

1.3.3 用户界面

用户界面是交互式绘图软件与用户进行信息交流的中介。系统通过界面反映当前信息状态，或对要执行的操作按照界面提供的信息作出判断，并经输入设备进行下一步操作。因此，用户界面被认为是人机对话的桥梁。

AutoCAD 与 CAXA 电子图板的用户界面在风格和布局上比较相似，如图 1-1 和 1-2 所示。它主要包括菜单栏、工具栏、状态栏和绘图区。

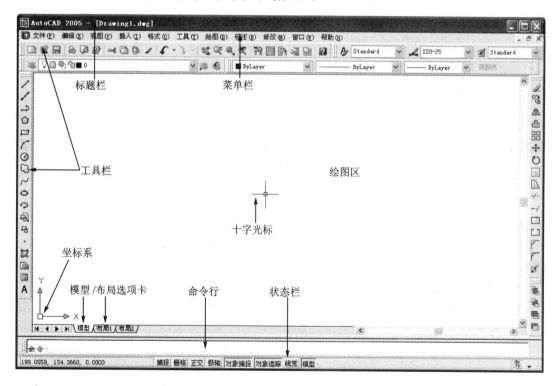

图 1-1 AutoCAD 界面

从 AutoCAD 到 CAXA 电子图板

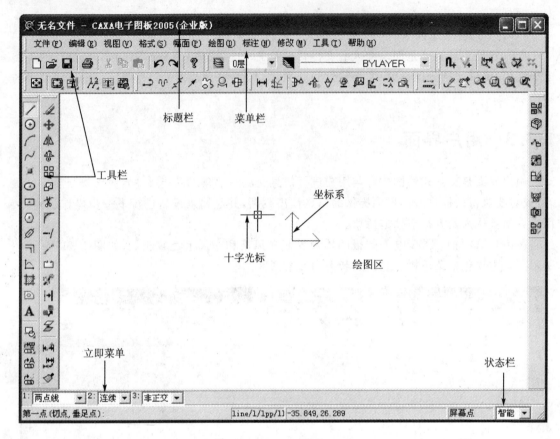

图 1-2 CAXA 电子图板界面

(1) 菜单栏

菜单栏通常位于标题栏之下，单击任意一个菜单都会弹出相应的级联菜单。级联菜单右侧有箭头的表示该操作有下一级子菜单，菜单项右侧有省略号的表示选择该菜单会弹出相应的对话框。

(2) 工具栏

工具栏是附着在窗口四周的长条，其中包含一些用图形表示的工具按钮，单击工具按钮则执行该按钮所代表的命令。工具栏也可以根据用户自己的习惯和需要自行定义。

(3) 坐标系

在 AutoCAD 与 CAXA 电子图板中都设有一个坐标系，坐标的原点为 (0, 0)，水平方向为 X 轴方向，向右为正，向左为负。垂直方向为 Y 轴方向，向上为正，向下为负。

(4) 绘图区

窗口中间空白的广大区域为绘图区域，是用户绘图设计的工作区域。

1.4 基本操作

AutoCAD 与 CAXA 电子图板的操作类似,以鼠标为主,键盘输入为辅。

1.4.1 命令的执行

AutoCAD 与 CAXA 电子图板在执行命令的方法上,都设置了鼠标选择和键盘输入两种并行的操作方式,为不同程度的用户提供了操作上的方便。

鼠标选择方式主要适合于初学者或是已经习惯于使用鼠标的用户。所谓鼠标选择就是根据屏幕显示出来的状态或提示,用光标去单击所需的菜单或者工具按钮。菜单或者工具按钮的名称与其功能相一致。选中了菜单或者工具按钮就意味着执行了与其对应的键盘命令。由于菜单或者工具栏选择直观、方便,减少了背记命令的时间,因此,很适合初学者采用。

键盘输入方式是由键盘直接键入命令或数据。它适合于习惯键盘操作的用户。键盘输入要求操作者熟悉软件的各条命令及其相应的功能,否则将给输入带来困难。实践证明,键盘输入方式比菜单选择输入效率更高。

在重复使用上一个命令时,用户只需要按 Enter 键,便可重复执行命令,撤销命令时使用快捷键 Ctrl+Z,这一点 AutoCAD 与 CAXA 电子图板是相同的。

1.4.2 点的输入

点是最基本的图形元素,点的输入是各种绘图操作的基础。AutoCAD 与 CAXA 电子图板中点输入的方法相同。

点在屏幕上的坐标有绝对坐标和相对坐标两种方式,它们在输入方法上完全不同。绝对坐标的输入方法很简单,可直接通过键盘输入 X、Y 坐标,但 X、Y 坐标值之间必须用逗号隔开,例如:(30,40),(20,-10)等。

相对坐标是指相对系统当前点的坐标,与坐标系原点无关。输入时,为了区分不同性质的坐标,CAXA 电子图板对相对坐标的输入作了如下规定:输入相对坐标时,必须在第一个数值前面加上一个符号@,以表示相对。例如:输入@60,84,表示相对参考点来说,输入了一个 X 坐标为 60,Y 坐标为 84 的点。另外,相对坐标也可以用极坐标的方式表示。例:@60,84 表示输入了一个相对当前点的极坐标,其极坐标半径为 60,半径与 X 轴的逆时针夹角为 84°。

参考点 系统自动设定的相对坐标的参考基准。它通常是用户最后一次操作点的位置。在当前命令的交互过程中,用户可以按 F4 键,以确定希望的参考点。

另外，除了直接使用键盘输入坐标外，也可以使用鼠标输入点的坐标，就是通过移动十字光标选择需要输入的点的位置。选中后单击，该点的坐标即被输入。鼠标输入的都是绝对坐标。用鼠标输入点时，应一边移动十字光标，一边观察屏幕底部显示的坐标数字的变化，以便尽快较准确地确定待输入点的位置。

1.4.3 命令行与立即菜单

AutoCAD 的命令行和 CAXA 电子图板的立即菜单，在功能上基本相同，只是其操作方法不同。

(1) 命令行

在 AutoCAD 界面的底部可以看到一个文本窗口，如图 1-3 所示，即命令行，可以上下拖动窗口的边线来调整命令行的大小，所有的命令可通过在命令行的输入来执行。即使使用菜单项或工具按钮来执行一条命令，也需要通过命令行操作该命令，输入相应的选项，激活该命令的不同功能。

```
命令: _circle 指定圆的圆心或 [三点(3P)/两点(2P)/相切、相切、半径(T)]:
```

图 1-3 命令行

(2) 立即菜单

在 CAXA 电子图板中输入命令以后，在绘图区的底部会弹出一行立即菜单。例如，输入直线命令（使用键盘输入 line 或用光标在"绘图工具"工具条中单击"直线"工具按钮），则系统弹出一行立即菜单及相应的操作提示，如图 1-4 所示。

```
1:两点线  ▼ 2:连续  ▼ 3:非正交  ▼
```

图 1-4 立即菜单

此菜单表示当前待画的直线为两点线方式，非正交的连续直线。在显示立即菜单的同时，在其下面显示如下提示："第一点(切点,垂足点):"。括号中的"切点,垂足点"表示此时可输入切点或垂足点。需要说明的是，在输入点时，如果没有提示(切点,垂足点)，则表示不能输入工具点中的切点或垂足点。用户按要求输入第一点后，系统会提示"第二点(切点,垂足点):"。用户再输入第二点，系统在屏幕上从第一点到第二点画出一条直线。

立即菜单的主要作用与 AutoCAD 的命令行基本相同，可以激活某一命令的不同功能。可以通过单击立即菜单中的下三角按钮或用快捷键"Alt+数字键"进行激活；如果下拉菜单中有很多可选项，则可使用快捷键"Alt+连续数字键"进行选项的循环。如图 1-4 中，如果想在两点间画一条正交直线，那么可以单击立即菜单中的"3.非正交"或用快捷键 Alt+3 激活它，则该菜单变为"3:正交"。如果要使用"角等分线"命令,则可以在立即菜单"1:"中选择"角等分线"或用快捷键 Alt+1 激活它。

1.5 捕捉设置

指定点最快的方法就是使用光标直接在屏幕中拾取点,捕捉方式包括栅格捕捉、特征点捕捉、极轴捕捉三种类型。

栅格捕捉:栅格点就是在屏幕的绘图区内沿当前用户坐标系的 X 方向和 Y 方向等间距排列的点。光标在屏幕的绘图区内移动时会自动吸附到距离最近的栅格点上,这时点的输入是由吸附上的特征点坐标来确定的。当选择栅格点捕捉方式时,还可以设置栅格点的间距、栅格点的可见与不可见。当栅格点不可见时,栅格点的自动吸附依然存在。栅格捕捉功能可以精确地拾取到图形的几何特征点。

特征点捕捉:AutoCAD 称为对象捕捉。CAXA 电子图板称为智能点捕捉。当光标在屏幕的绘图区内移动时,如果移动到某些特征点的附近时,那么它将自动吸附到距离最近的那个特征点上,这时点的输入是由吸附上的特征点坐标来确定的,并显示出相应的特征点符号。可以吸附的特征点包括:端点、中点、圆心点、象限点、交点、切点、垂点及最近点等。

极轴捕捉:激活该功能,光标将按指定角度进行移动。在 CAXA 电子图板中称为导航点捕捉。

(1) AutoCAD

选择"工具"|"草图设置"菜单项,弹出"草图设置"对话框,如图 1-5 所示。该对话框中可以在"捕捉和栅格"、"极轴追踪"、"对象捕捉"三个选项卡中对捕捉进行设置。

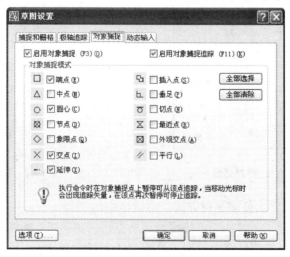

图 1-5 "草图设置"对话框

(2) CAXA 电子图板

选择"工具"|"捕捉点设置"菜单项,或者单击"设置工具"工具条中的"捕捉点设置"工具按钮,弹出"屏幕点设置"对话框,如图 1-6 所示。

最上方是"屏幕点方式"区域,用于设置捕捉的类型,包括"自由点"、"栅格点"、"智能点"、"导航点"四种方式。

① 自由点:光标在屏幕的绘图区内移动时不自动吸附到任何特征点上,点的输入完全由当前光标在绘图区内的实际定位来确定。

② 栅格点:激活后启动栅格捕捉状态,此时"栅格点设置"区域将被激活,在该区域中可以设置栅格的间距以及显示状态。

③ 智能点:激活后启动特征点捕捉状态。对话框中的"智能点与导航点设置"区域将被激活,在该区域中可以设置捕捉的特征点。

另外,在进入作图命令时,只要按空格键,即系统弹出特征点菜单,如图 1-7 所示,选择相应的特征点后即可捕捉。

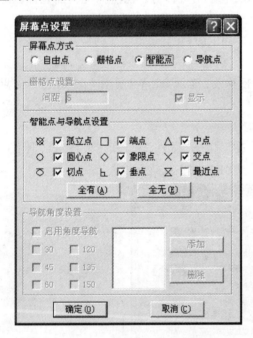

图 1-6 "屏幕点设置"对话框

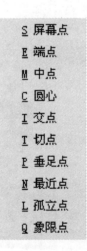

图 1-7 特征点菜单

④ 导航点:激活后启动极轴捕捉方式。对话框中的"智能点与导航点设置"区域与"导航角度设置"区域将被激活。此时特征点统称为导航点。区别在于:智能点捕捉时,十字光标线的 X 坐标线和 Y 坐标线都必须距离智能点最近时才可能吸附上;而导航点捕捉时,只需十字

光标线的 X 坐标线或 Y 坐标线距离导航点最近时就可能吸附上。用户可以根据作图的需要随时选择特定的导航点进行捕捉。如果还需要在某些特定的角度上进行导航,可以启用导航角度设置,在"导航角度设置"区域添加所需要的导航角。

1.6 图层、线型与颜色

图层是一个用来组织图形中对象显示的组织工具。绘图中的每一个对象都必须在一个图层中,每一个图层都必须有一种颜色、线型和线宽,用户可以按照绘图的需要来定义图层。图层、颜色、线型和线宽被称为对象特征。用户可以很容易地修改一个对象的特征。

1. 图层的操作

在 AutoCAD 中选择"格式"|"层"菜单项,或者单击"属性工具"工具条中的"图层特性管理器"工具按钮,弹出"图层特性管理器"对话框,如图 1-8 所示。

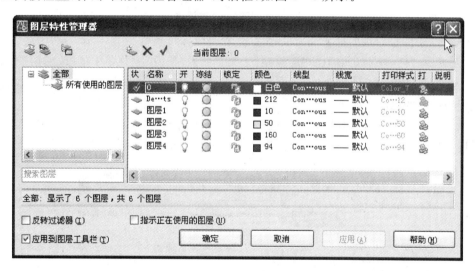

图 1-8 "图层特性管理器"对话框

AutoCAD 中的"图层特性管理器"是一个十分强大的工具,它对图层的颜色、线型、显示以及打印等都可以进行详细的设置。

在 CAXA 电子图板中选择"格式"|"层控制"菜单项,或者单击"属性工具"工具条中的"层控制"工具按钮,弹出"层控制"对话框,如图 1-9 所示。CAXA 电子图板与 AutoCAD 相比,图层设置的最大不同就是系统预先定义了七个图层。这七个图层的层名分别为"0 层"、"中心线层"、"虚线层"、"细实线层"、"尺寸线层"、"剖面线层"和"隐藏层",每个图层都按其名称设置了相应的线型和颜色。当用户绘制相应的图元时,会加载到相应的图层中,例如当用户

绘制尺寸标注时,绘制的尺寸标注自动加载到"尺寸线层"。

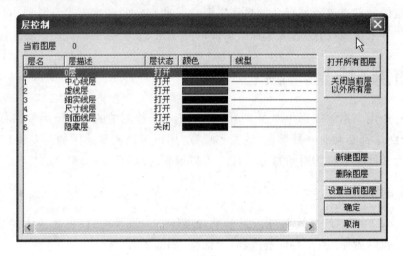

图 1-9 "层控制"对话框

CAXA 电子图板对层的操作同时安排在三个区域,即"属性工具"工具条中的"当前层选择"下拉列表框、"格式"主菜单中的"层控制"子菜单以及"修改"主菜单中的"改变层"子菜单。

(1) 设置当前层

设置当前层的方法有两个:

① 如图 1-10 所示,单击"属性工具"工具条中的"当前层"下拉列表框的下三角按钮,可弹出图层列表,在列表中单击所需的图层即可完成当前层选择的设置操作。

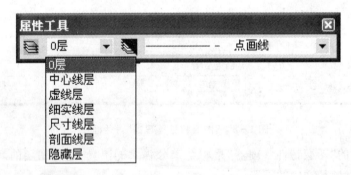

图 1-10 改变当前层下拉列表框

② 选择"格式"|"层控制"菜单项,或者单击"属性工具"工具条的"层控制"工具按钮,可弹出"层控制"对话框。对话框的上部显示出当前图层是哪一个层,在对话框中的图层列表框中单击所需的图层后,再单击右侧的"格式当前图层"按钮,设置完成后,单击"确定"按钮可结束操作。

第1章 AutoCAD 与 CAXA 电子图板概述

（2）图层改名

图层的名称分为层名和层描述两部分。层名是层的代号，是层与层之间相互区别的唯一标志，因此层名是唯一的，不允许有相同层名的图层存在。层描述是对层的形象描述，尽可能体现出层的性质。不同层之间层描述可以相同。

操作步骤

① 选择"格式"|"层控制"菜单项，或单击"属性工具"工具条中的"层控制"工具按钮，弹出如图1-9所示的"层控制"对话框。

② 双击要修改的层名或层描述的相应位置，在该位置上出现一个编辑框，在编辑框中输入新的层名或层描述，输完后单击编辑框外任意一点即可结束编辑。

③ 这时在"层控制"对话框中可以看到对应的内容已经发生了变化，单击"确定"按钮即可完成更名操作。

注意 本操作只改变图层的名称，不会改变图层上的原有状态。

（3）删除图层

操作步骤

① 选择"格式"|"层控制"菜单项，或单击"属性工具"工具条中的"层控制"工具按钮，弹出"层控制"对话框。

② 选中要删除的图层，单击"删除图层"按钮，弹出一个提示对话框，如图1-11所示。

③ 单击"是"，图层被删除，然后单击"确定"按钮，结束删除图层操作。

注意 该操作只能删除用户创建的图层，不能删除系统原始图层。若删除系统原始图层，则系统会给出提示信息，如图1-12所示。

删除前确认绘制图形中没有任何元素位于此图层上。

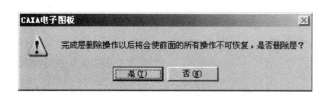

图1-11 删除图层提示框

图1-12 删除原始图层提示框

（4）打开或关闭层

操作步骤

① 在"层控制"对话框中，将光标移至欲改变图层的层状态（打开/关闭）位置上，双击就可以进行图层打开和关闭的切换。注意，当前层不能被关闭。

② 图层处于打开状态时，该层的实体被显示在屏幕绘图区；处于关闭状态时，该层上实体

17

处于不可见状态，但实体仍然存在，并没有被删除。

2. 线型设置

AutoCAD 中主要是通过图 1-13 所示的"加载或重载线型"对话框定制线型。该对话框中的"可用线型"列表中提供了很多线型供用户选择，例如直线、虚线和细点画线等。

CAXA 电子图板系统为已有的七个图层设置了不同的线型，也为新创建的图层设置了粗实线的线型，所有这些线型都可以使用本功能重新设置。在"层控制"对话框中双击欲改变层对应的线型图标也可以弹出"设置线型"对话框，如图 1-14 所示选择需要设置的线型，单击"确定"按钮，返回"层控制"对话框。此时，对应图层的线型已改为用户选定的线型。

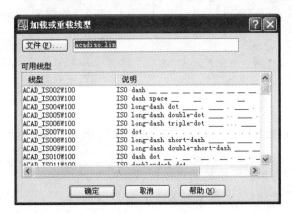

图 1-13 "加载或重载线型"对话框

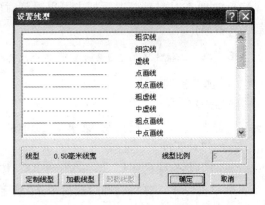

图 1-14 "设置线型"对话框

选择"格式"|"线型"菜单项，系统同样弹出"设置线型"对话框，同样可以加载线型，但是选择的线型并没有加载到当前图层，而是设置绘制当前图元线型。也可以使用"属性工具"工具条的下三角按钮选择线型。

"设置线型"对话框中显示出系统已有的线型。选择需要设置的线型，单击"确定"按钮，该线型便会加载到相应的图层上。同时，通过"设置线型"对话框可以定制线型、加载线型和卸载线型。

(1) 定制线型

定制系统的线型。

操作步骤

① 在打开的"设置线型"对话框中，单击"定制线型"按钮，弹出"线型定制"对话框，如图 1-15 所示。

② 单击"文件名"按钮，弹出"打开线型文件"对话框。在该对话框中可以选择一个已有的线型文件进行操作，也可以输入新的线型文件的文件名（线型文件的扩展名为.LIN），系统将

弹出消息框进行询问是否创建新的线型文件,如图1-16所示。如果单击"确定"按钮,则创建新的线型文件;如果单击"取消"按钮,则操作无效。

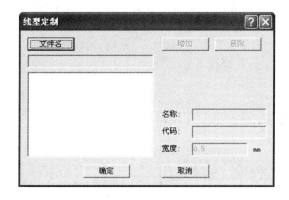

图1-15 "线型定制"对话框

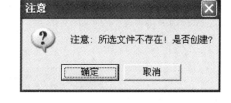

图1-16 "注意"对话框

③ 在选择或创建了线型文件后,线型对话框变为如图1-17所示的对话框。

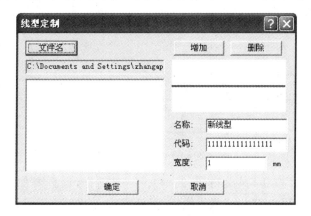

图1-17 "线型定制"对话框

"名称" 在该文本框中可以输入新线型的名称或浏览线型列表框中线型的名称;
"代码" 在该文本框中可以输入新线型的代码或浏览线型列表框中线型的代码;
"宽度" 在该文本框中可以输入新线型的宽度或浏览线型列表框中线型的宽度。

当以上三项设置完以后,单击"增加"按钮可将当前定义的线型增加到线型列表框中;如果单击"删除"按钮,则删除在线型列表框中光标所在位置的线型。在线型预显框中显示当前线型代码所表示的线型的形式(宽度将不被显示出来),系统线型代码定制规则如下:

- 线型代码由16位数字组成;
- 各位数字为0或1;
- 0表示抬笔,1表示落笔。

例如：

1 1 1 1 0 1 1 1 1 1 0 1 0 1 0 1

当所有操作进行完以后，单击"确定"按钮，即可将当前的操作结果存入到线型文件中；单击"取消"按钮，所进行的操作无效。

(2) 加载线型

载入已创建的线型文件

操作步骤

① 在打开"设置线型"对话框后，单击"加载线型"按钮，弹出"载入线型"对话框，如图1-18所示。

图1-18　"载入线型"对话框

② 单击"打开文件"按钮，弹出"打开线型文件"对话框，选择要加载的线型文件，并单击"打开"按钮，可以把线型文件加入"载入线型"对话框中，如图1-19所示，单击"选择全部"或者"取消全部"按钮，能把新线型加入线型设置对话框中或者取消加入的线型。

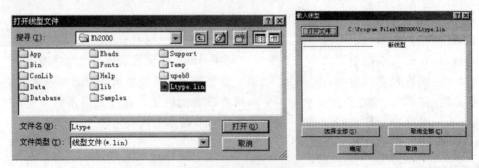

图1-19　载入线型操作

第 1 章　AutoCAD 与 CAXA 电子图板概述

(3) 卸载线型

在"设置线型"对话框中选择新线型，可激活"卸载线型"按钮，单击该按钮便可卸载加入的新线型。

注　意　系统自带的线型不能卸载。

3. 颜色设置

设置系统的当前颜色。

操作步骤

① 选择"格式"|"颜色"菜单项，弹出如图 1-20 所示的"颜色设置"对话框。

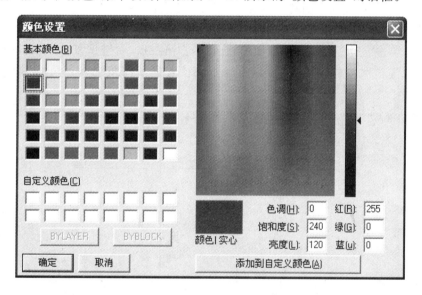

图 1-20　"颜色设置"对话框

从以上对话框可以看出系统与 Windows 的标准编辑颜色对话框相似，只是增加了两个设置逻辑颜色的按钮：BYLAYER 和 BYBLOCK。BYLAYER 是指当前图形元素的颜色与图形元素所在层的颜色一致。这样设置的好处是，当修改图层颜色时，属于此层的图形元素的颜色也可以随之改变。BYBLOCK 是指当前图形元素的颜色与图形元素所在块的颜色一致。

② 可以选择基本颜色中的备选颜色作为当前颜色，也可以在颜色阵列中调色，然后单击"添加到自定义颜色"按钮将所调颜色增加到自定义颜色中。

③ 单击"确定"按钮确认操作，单击"取消"按钮则操作无效。

④ 设置完以后，系统的属性条上的颜色按钮将变化为对应的颜色。

本菜单的功能与"属性工具"工具条上的"颜色设置"工具按钮功能完全相同。

21

1.7 三视图导航

三视图导航功能是CAXA电子图板特有的一项功能。此功能是导航方式的扩充,主要方便用户确定投影关系,为绘制三视图或多视图提供一种更方便的导航方式,如图1-21所示。

操作步骤

① 选择"工具"|"三视图导航"菜单项,系统提示:"第一点:"。

② 输入第一点后,系统再提示:"第二点:"。

③ 输入第二点后,在屏幕上画出一条45°或135°的黄色导航线。如果此时系统为导航状态,则系统将以此导航线为视图转换线进行三视图导航。

④ 如果系统当前已有导航线,选择"三视图导航"菜单项,将删除导航线,取消三视图导航操作。下次再单击"三视图导航"菜单项,系统提示:"第一点〈右键恢复上一次导航线〉:"右击将恢复上一次导航线。如果输入了第一点,系统接着提示:"第二点:",以下操作步骤见第③步。

⑤ 可用功能键F7实现三视图导航的切换。

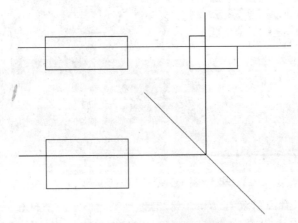

图1-21 三视图导航

第 2 章　图形的绘制

图形的绘制是构成 CAD 绘图软件的基础，绘图功能的作用是绘制各类几何图形（包括各种图形元素、块、阴影等）。

AutoCAD 的绘图命令较多，有普通直线、射线、构造线、多线、多段线和样条线，有矩形、圆、圆弧、圆环和椭圆等。CAXA 电子图板则分为简单几何图元和高级几何图元两类，简单几何图元除直线、圆、圆弧、矩形和样条曲线等命令外，还增加了中心线、轮廓线和等距线等命令。在直线命令中除集成 AutoCAD 中的射线、构造线和多线等命令外，还增加了角平分线、切线/法线的绘制；中心线命令可以画出圆、圆弧及两直线的中心线；轮廓线相当于 AutoCAD 中的多段线，可以在直线和圆弧之间相互切换，画出连续的轮廓线；等距线命令则相当于 AutoCAD 中的偏移命令，但它可以双向同时偏移，还可以偏移填充。在高级几何图元中，增加的孔/轴、波浪线、折线和公式曲线则更有特色。可见，CAXA 电子图板的绘图功能比 AutoCAD 更加全面。

如图 2-1 是一个套筒零件工程图，下面使用 AutoCAD 绘制该工程图。这里只针对图形的绘制，对于尺寸标注以及技术要求的添加和图框的绘制方法在此不予介绍。其基本思路是，首先，新建一个图层，绘制主视图的水平中心线，确定主视图的位置，使用"直线"或"多段线"命令绘制出主视图的一半轮廓，使用"镜像"命令镜像出主视图的整体轮廓；然后，使用"直线"、"矩形"、"圆弧"、"图案填充"等命令，绘制主视图其他部分；最后，使用"圆"、"直线"、"图案填充"等命令绘制下方的剖视图以及局部放大图。

使用 CAXA 电子图板绘制该工程图时，首先使用"轴/孔"命令，绘制主视图的轮廓以及水平中心线，如图 2-2 所示，再使用"轴/孔"、"圆"、"矩形"等命令绘制主视图的其他部分。这里值得一提的是，在绘制主视图中的两个螺孔图形时，CAXA 电子图板可以使用"提取图符"命令直接从零件库中调用。剖视图的绘制同样可以使用"提取图符"命令调用合适的零件，再使用"直线"、"圆"等命令修改完成。局部放大图则可以使用局部放大工具直接生成。

通过对套筒工程图绘制思路的分析可以发现，CAXA 电子图板在绘制机械工程图方面的确有独到之处，与 AutoCAD 相比的确更加方便和快捷。下面对 CAXA 电子图板的绘图工具进行详细的讲解。

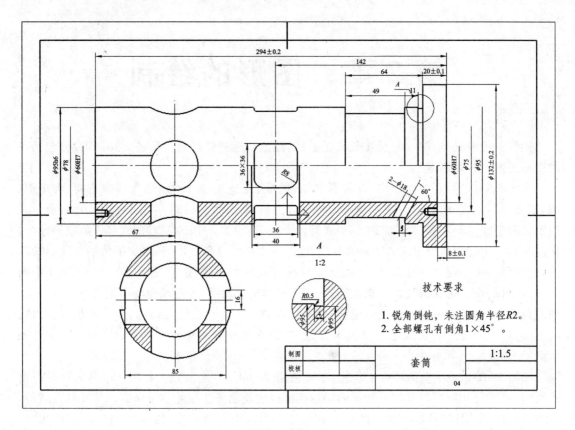

图 2-1 套 筒

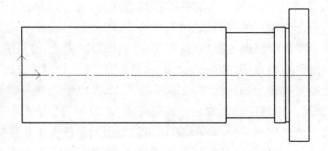

图 2-2 绘制主视图轮廓

2.1 简单几何图元

直线是最常用的几何图元,在实际绘图过程中,将会大量使用直线及其相关命令,如绘制矩形、多边形等。本节将介绍简单几何图元绘制工具的使用方法。

1. 直　线

直线是构成图形的基本要素，在 CAXA 电子图板和 AutoCAD 中都设有直接绘制直线工具。AutoCAD 中的"直线"命令可以创建一系列相互连接的直线，可以单独编辑一系列线段中的任意线段而不影响其他线段，该命令主要用于绘制两点线。CAXA 电子图板中的"直线"命令提供了"两点线"、"角度线"、"角等分线"和"切线/法线"四种绘制方式，如图 2-3 所示。

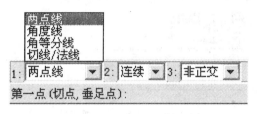

图 2-3　CAXA 电子图板"直线"绘制方式

(1) 两点线

"两点线"方式类似于 AutoCAD 中的"直线"命令，在屏幕上按给定两点画一条直线段或按给定的连续条件画连续的直线段。在非正交情况下，第一点和第二点均可为几何特征点，如切点、垂足点等。根据拾取点的类型可生成切线、垂直线、公垂线、垂直切线以及任意的两点线。在正交情况下生成的直线平行于当前坐标系的坐标轴，即由第一点定出首访点，第二点定出与坐标轴平行或垂直的直线线段。

操作步骤

① 单击"绘制工具"工具条中"直线"工具按钮。

② 单击立即菜单中"1:"的下三角按钮，在立即菜单的上方弹出一个直线类型的选项菜单，如图 2-3 所示，选择"两点线"。

③ 单击立即菜单中"2:"的下三角按钮，则该项内容由"连续"变为"单个"。其中，"连续"表示每段直线段相互连接，前一段直线段的终点为下一段直线段的起点；而"单个"是指每次绘制的直线段相互独立，互不相关。

④ 单击立即菜单中"3:"的下三角按钮，其内容变为"正交"，表示下面要画的直线为正交线段。所谓"正交线段"是指与坐标轴平行的线段。

⑤ 按立即菜单的条件和提示要求，用光标拾取两点或者输入两点的坐标，则一条直线被绘制出来。

此命令可以重复进行，右击结束操作。

(2) 角度线

"角度线"方式类似于 AutoCAD 中启动"动态输入"方式绘制直线，允许用户按给定角度、给定长度画一条直线段。

操作步骤

① 单击"绘制工具"工具条中"直线"工具按钮。

② 单击立即菜单的"1:",选择"角度线"菜单项。

③ 单击立即菜单的"2:",弹出如图2-4所示的立即菜单,用户可选择夹角类型。如果选择"直线夹角",则表示画一条与已知直线段夹角为指定度数的直线段,此时操作提示变为"拾取直线",待拾取一条已知直线段后,再输入第一点和第二点即可。

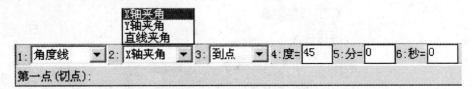

图2-4 "角度线"立即菜单

④ 单击立即菜单中"3:"的下三角按钮,则内容由"到点"变为"到线上",即指定终点位置是在选定直线上,此时系统不提示输入第二点,而是提示选定所到的直线。

⑤ 在立即菜单的"4:度="、"5:分="、"6:秒="中输入角度。

⑥ 按提示要求输入第一点,则屏幕画面上显示该点标记。此时,操作提示改为"输入长度或第二点"。如果由键盘输入一个长度数值并确认,则一条按用户的设定值而确定的直线段被绘制出来。如果是移动光标,则一条绿色的角度线随之出现。待光标位置确定后,单击,则立即画出一条给定长度和倾角的直线段。

本操作也可以重复进行,用右键结束操作。

(3) 画角等分线

按给定等分份数、给定长度画直线段将一个角等分。

操作步骤

① 单击"绘制工具"工具条中"直线"工具按钮。

② 单击立即菜单中"1:"的下三角按钮,选择"角等分线"选项,如图2-5所示。

③ 单击立即菜单中"2:份数="文本框,则在操作提示区出现"输入实数"的提示,要求用户输入所需等分的份数值。编辑框中的数值为当前立即菜单所选角度的默认值。

④ 单击立即菜单中"3:长度="文本框,则在操作提示区出现"输入实数"的提示,要求用户输入等分线长度值。

⑤ 拾取欲等分的两条角度线,如图2-6所示。

(4) 画切线/法线

过给定点作已知曲线的切线或法线。

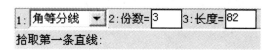

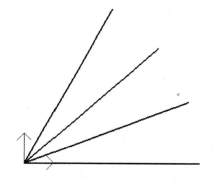

图 2-5 "角等分线"立即菜单

图 2-6 绘制角等分线

操作步骤

① 单击"绘制工具"工具条中"直线"工具按钮。
② 单击立即菜单"1:",选择"切线/法线"菜单项。
③ 单击立即菜单上的"2:切线",则该项内容变为"法线"。按改变后的立即菜单进行操作,将画出一条与已知直线相垂直的直线,如图 2-7 所示。

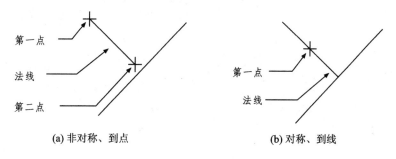

(a) 非对称、到点   (b) 对称、到线

图 2-7 直线的法线

④ 单击立即菜单中的"3:非对称",选择的第一点为所要绘制的直线的一个端点,选择的第二点为另一端点,如图 2-8(a)所示。若选择该项,则该项内容切换为"对称",这时选择的第一点为所要绘制直线的中点,第二点为直线的一个端点,如图 2-8(b)所示。

⑤ 单击立即菜单"4:到点",则该项目变为"到线上",表示画一条到已知线段为止的切线或法线。

⑥ 按当前提示要求用光标拾取一条已知直线,选中后,该直线呈红色显示,操作提示变为"第一点",用光标在屏幕的给定位置指定一点后,提示又变为"第二点或长度",此时,再移动光标,一条过第一点与已知直线段平行的直线段生成,其长度可由鼠标或键盘输入数值决定。图 2-8(a)为本操作的示例。

⑦ 如果用户拾取的是圆或弧,也可以按上述步骤操作,但圆弧的法线必在所选第一点与

圆心所决定的直线上,而切线垂直于法线,如图 2-9 所示。

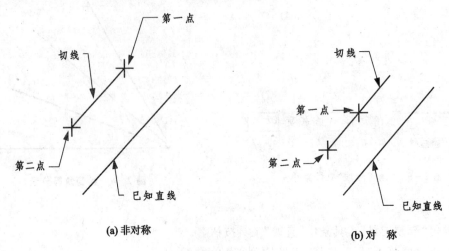

(a) 非对称　　　　　　　　　　　(b) 对　称

图 2-8　直线的平行线

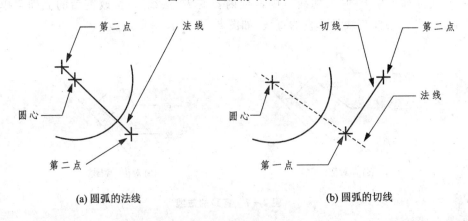

(a) 圆弧的法线　　　　　　　　　(b) 圆弧的切线

图 2-9　圆弧的切线和法线

图 2-7 为直线的法线的画法,图 2-8 为按上述操作绘制的已知直线的平行线,图 2-9 为已知圆弧的切线和法线。

2. 圆　弧

圆弧是圆的一部分,因此,为了定义圆弧不仅必须定义一个圆,而且还要定义圆弧的两个端点。CAXA 电子图板提供了 6 种绘制圆弧的方式,如图 2-10 所示。

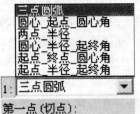

图 2-10　圆弧立即菜单

（1）三点圆弧

过三点画圆弧，其中第一点为起点，第三点为终点，第二点决定圆弧的位置和方向。

操作步骤

① 单击"绘图工具"工具条中的"圆弧"工具按钮 。

② 单击立即菜单"1:"，则在其上方弹出一个表明圆弧绘制方法的列表框，菜单中的每一项都是一个转换开关，负责对绘制方法进行切换。在菜单项中选择"三点圆弧"。

③ 按提示要求指定第一点和第二点，则一条过上述两点及过光标所在位置的三点圆弧被显示在画面上，移动光标，正确选择第三点位置并单击，则一条圆弧线被绘制出来。在选择这3个点时，可灵活运用工具点、智能点、导航点和栅格点等功能。用户还可以直接用键盘输入点坐标。

右击将重复此操作。

另一种方法，先选择"三点圆弧"方式，当系统提示第一点时，按空格键弹出工具点菜单，单击"切点"，然后按提示拾取直线，再指定圆弧的第二点和第三点，圆弧绘制完成。

（2）圆心_起点_圆心角

已知圆心、起点及圆心角或终点画圆弧。

操作步骤

① 单击"绘图工具"工具条中的"圆弧"工具按钮 。

② 单击立即菜单"1:"，选择"圆心_起点_圆心角"菜单项。

③ 按提示要求输入圆心和圆弧起点，提示又变为"圆心角或终点（切点）"，输入一个圆心角数值或输入终点，则圆弧被画出，也可以拖动进行选取。

右击将重复此操作。

（3）已知两点、半径画圆弧

已知两点及圆弧半径画圆弧。

操作步骤

① 单击"绘图工具"工具条中的"圆弧"工具按钮 。

② 单击立即菜单"1:"，选择"两点_半径"菜单项。

③ 按提示要求输入完第一点和第二点后，系统提示又变为"第三点或半径"。此时，如果输入一个半径值，则系统先根据十字光标当前的位置判断绘制圆弧的方向。判定规则是：十字光标当前位置处在第一、二两点所在直线的哪一侧，则圆弧就绘制在哪一侧。同样的两点，由于光标位置的不同，可绘制出不同方向的圆弧。然后系统根据两点的位置、半径值以及刚判断出的绘制方向来绘制圆弧。如果在输入第二点以后移动光标，则在画面上出现一段由输入的两点及光标所在位置点构成的三点圆弧。移动光标，圆弧发生变化，在确定圆弧大小后，单击结束本操作。

右击将重复此操作。

从 AutoCAD 到 CAXA 电子图板

（4）圆心_半径_起终角

由圆心、半径和起终角画圆弧。

操作步骤

① 单击"绘图工具"工具条中的"圆弧"工具按钮。

② 单击立即菜单"1:"，选择"圆心_半径_起终角"菜单项。

③ 单击立即菜单"2:半径"，提示变为"输入实数"。其中，编辑框内数值为默认值，用户可通过键盘输入半径值。

④ 单击立即菜单中的"3:"或"4:"，用户可按系统提示输入起始角或终止角的数值。其范围为(－360,360)。一旦输入新数值，立即菜单中相应的内容会发生变化。注意，这里起始角和终止角均是从 X 正半轴开始，逆时针旋转为正，顺时针旋转为负。

⑤ 立即菜单表明了待画圆弧的条件。按提示要求输入圆心点，此时用户会发现，一段圆弧随光标的移动而移动。圆弧的半径、起始角和终止角均为用户设定的值，待选好圆心点位置后单击，则该圆弧被显示在画面上。

右击将重复此操作。

（5）起点_终点_圆心角

已知起点、终点和圆心角画圆弧。

操作步骤

① 单击"绘图工具"工具条中的"圆弧"工具按钮。

② 单击立即菜单"1:"，选择"起点_终点_圆心角"菜单项。

③ 单击立即菜单"2:圆心角"，根据系统提示输入圆心角的数值，范围是(－360,360)。其中，负角表示从起点到终点按顺时针方向作圆弧，而正角是从起点到终点逆时针作圆弧。数值输入完后，按 Enter 键确认。

④ 按系统提示输入起点和终点。

右击将重复此操作。

（6）起点_半径_起终角

由起点、半径和起终角画圆弧。

操作步骤

① 单击"绘图工具"工具条中的"圆弧"工具按钮。

② 单击立即菜单"1:"，选择"起点_半径_起终角"菜单项。

③ 单击立即菜单"2:"，可按照提示输入半径值。

④ 单击立即菜单中的"3:"或"4:"，按照系统提示，用户可以根据作图的需要分别输入起始角或终止角的数值。输入完成后，立即菜单中的条件也将发生变化。

⑤ 立即菜单表明了待画圆弧的条件。按提示要求输入一个起点和一段半径，起始角和终止角均为用户设定值的圆弧被绘制出来。起点可由光标或键盘输入。

右击将重复此操作。

3. 中心线

中心线的线型为点画线,在机械工程图中主要是用于绘制轴线、对称中心线和轨迹线。CAXA 电子图板的中心线命令可以根据图元直接绘制中心线。如果拾取一个圆、圆弧或椭圆,则直接生成一对相互正交的中心线。如果拾取两条相互平行或非平行线(如锥体),则生成这两条直线的中心线。绘制出的中心线直接加载到中心线层,如图 2-11 所示。

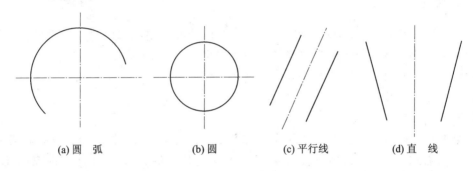

(a) 圆 弧　　(b) 圆　　(c) 平行线　　(d) 直 线

图 2-11　绘制中心线

操作步骤

① 单击"绘图工具"工具条中的"中心线"工具按钮 。

② 如图 2-12 所示,单击立即菜单中的"1:延伸长度"(延伸长度指超过轮廓线的长度),操作提示变为"输入实数",编辑框中的数字表示当前延伸长度的默认值。可通过键盘重新输入延伸长度。

③ 按提示要求拾取第一条曲线。若拾取的是一个圆或一段圆弧,则拾取后,在被拾取的圆或圆弧上画出一对互相垂直且超出其轮廓线一定长度的中心线。如果用光标拾取的不是圆或圆弧,而是一条直线,则系统提示:"拾取与第一条直线平行的另一条直线",拾取后,在被拾取的两条直线之间画出一条中心线。

图 2-12　延伸立即菜单

右击将重复此操作。

4. 样条曲线

生成过给定顶点(样条插值点)的样条曲线。点的输入可由光标或键盘输入,也可以从外部样条数据文件中直接读取样条,如图2-13所示。

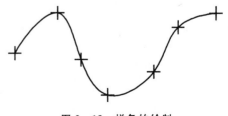

图 2-13　样条的绘制

操作步骤

① 单击"绘图工具"工具条中的"样条"工具按钮。

② 在立即菜单中选取"直接作图",按系统提示,用光标或键盘输入一系列控制点,一条光滑的样条曲线便自动画出。

③ 在立即菜单中选取"从文件读入",弹出"打开样条数据文件"对话框,从中可选择数据文件,按"确认"按钮后,系统可根据文件中的数据绘制出样条。

5. 轮廓线

"轮廓线"命令与 AutoCAD 中的"多段线"命令的功能类似,可以生成由直线和圆弧构成的首尾相接或不相接的一条轮廓线。其中,直线与圆弧的关系可通过立即菜单切换为非正交、正交或相切,如图 2-14 所示。

图 2-14 立即菜单

操作步骤

① 单击"绘图工具Ⅱ"工具条中的"轮廓线"工具按钮。用户按所需轮廓线趋势输入若干个点,最后右击,系统将最后一点与第一点连接生成一条封闭的由直线构成的轮廓线,如图 2-15(a)所示。

② 单击立即菜单中的"2:自由",则在该项目上方弹出一个列表框,分别列出"自由"、"水平垂直"、"相切"和"正交"等四种选项。其中,"相切"是指当有直线与圆弧同时存在时,可以提供直线与圆弧相切的环境。直线与圆弧可随时进行切换。图 2-15(c)是一个由直线和圆弧构成的且保证相切的例子。图 2-15(d)是一个正交的轮廓实例(需要说明,正交轮廓的最后一段直线不保证正交)。

③ 单击立即菜单中的"封闭",则该菜单项变为"不封闭"。此选项表明,在画轮廓线时,将画一条不封闭的轮廓线,并且此状态直至重新切换为止。

④ 单击立即菜单中的"1:直线",则立即菜单变为"圆弧"。此时,用光标输入若干个点,会在各点之间由相应的圆弧以相切形式画成一条封闭的光滑曲线,但最后一段圆弧与第一段圆弧不保证相切关系,如图 2-15(c)所示。

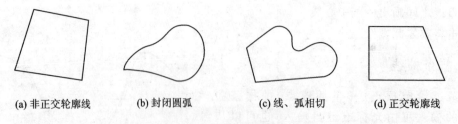

(a) 非正交轮廓线　　(b) 封闭圆弧　　(c) 线、弧相切　　(d) 正交轮廓线

图 2-15 轮廓线的绘制

6. 绘制等距线

"等距线"命令与 AutoCAD 中的"偏移"命令功能相似,唯一不同的是"等距线"命令可以生成实心的直线。"等距线"命令具有链拾取功能,能把首尾相连的图形元素作为一个整体进行等距,这将大大加快作图过程中某些薄壁零件剖面的绘制,而且在等距线功能中,支持对样条线的拾取。

操作步骤

① 单击"绘图工具"工具条中的"等距线"工具按钮 。

② 在弹出的立即菜单中选择"单个拾取"或"链拾取"。若是"单个拾取",则只选中一个元素;若是"链拾取",则与该元素首尾相连的元素也一起被选中,如图 2-16 所示。

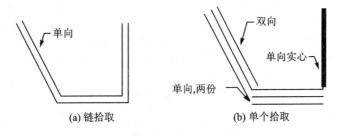

图 2-16 "指定距离"方式等距线的绘制

③ 在立即菜单"2:"中可选择"指定距离"或者"过点方式"。"指定距离"方式是指选择箭头方向确定等距方向,给定距离的数值来生成给定曲线的等距线。"过点方式"是指通过某个给定的点生成给定曲线的等距线。

④ 在立即菜单"3:"中可选取"单向"或"双向"选项。"单向"是指只在用户选择直线的一侧绘制,而"双向"是指在直线两侧均绘制等距线。

⑤ 在立即菜单"4:"中可选择"空心"或"实心"。"实心"是指原曲线与等距线之间进行填充,而"空心"方式只画等距线,不进行填充。

⑥ 如果是"指定距离"方式,则单击立即菜单"5:距离",可按照提示输入等距线与原直线的距离,编辑框中的数值为系统默认值。

⑦ 在立即菜单"1:"中选择"单个拾取",如果是"指定距离"方式,单击立即菜单"6:份数",则可按系统提示输入份数。比如,设置份数为3,距离为5,则从拾取的曲线开始,每隔 5 mm 绘制一条等距线,一共绘制 3 条,如图 2-17 所示。如果是"过点方式"方式,单击立即菜单"5:份数",按系统提示输入份数,则从拾取的曲线开始生成以点到

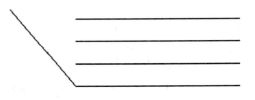

图 2-17 单个拾取且份数为 3

直线的垂直距离为等距离的多条等距线。

⑧ 各项设置好后,按系统提示拾取曲线,选择方向(若选"双向"方式则不必选方向),等距线可自动绘出。

右击将重复此操作。

7. 平行线

"平行线"命令与"等距线"命令比较类似。"平行线"命令分为"两点方式"、"偏移方式"。不同的是"平行线"可以绘制指定平行线的两端点位置。

操作步骤

① 单击"绘图工具"工具条中"平行线"工具按钮 ⁄⁄。

② 在立即菜单"1:"中,选取"两点方式"或"偏移方式",如图 2-18 所示。

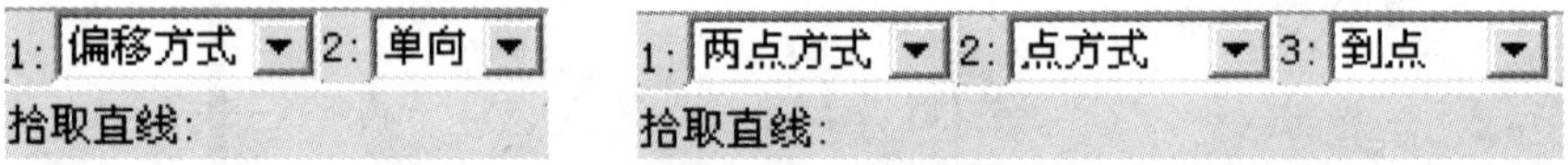

图 2-18 "两点方式"和"偏移方式"

③ 选择"两点方式",按操作提示要求,用光标拾取一条已知线段。拾取后,该提示改为"指定平行线的起始方位",输入起始点坐标。然后"指定平行线终点或长度",此时可以任意改变平行线的长度,如图 2-19 所示。

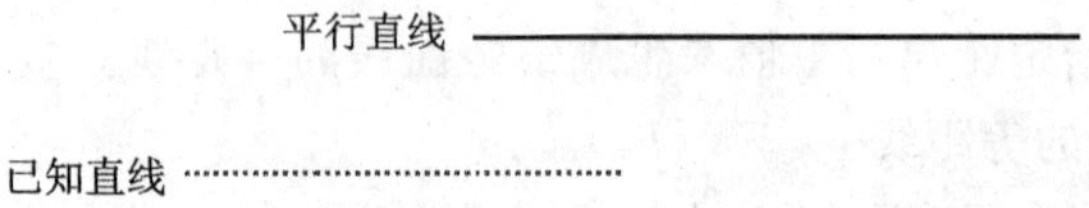

图 2-19 绘制平行线

④ 选择"偏移方式",选择"单向/双向",出现"输入距离或点(切点)",在移动光标时,一条与已知线段平行且长度相等的线段被拖动着。待位置确定后,单击,一条平行线段被画出。也可用键盘输入一个距离数值,两种方法的效果相同。

使用两种方式绘制完一条平行线后可以接着绘制下一条平行线。

8. 剖面线

剖面线功能在机械工程图中具有十分重要的作用,大多用于绘制各种剖视图。CAXA 电子图板中的"剖面线"命令比较快捷、简单,容易操作,效率比较高,而 AutoCAD 中的"图案填充"命令,功能比较全面,但是操作相对繁琐一些。

(1) 拾取点画剖面线

根据拾取点的位置,从右向左搜索最小内环,根据环生成剖面线。如果拾取点在环外,则操作无效。

在图 2-20 中给出了用拾取点的方式绘制剖面线的例子。从前两个小图可以看出,拾取点位置的不同,绘制出的剖面线也不同。在第三个小图中,先选择点 3,再拾取点 4,则可以绘制出有孔的剖面。第四个小图为更复杂的剖面情况,拾取点的顺序为,先选点 5,再选点 6,最后选点 7。

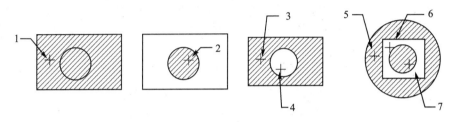

图 2-20 拾取点画剖面线

操作步骤

① 单击"绘图工具"工具条中的"剖面线"工具按钮。

② 在弹出的立即菜单"1:"中选择"拾取点"方式。

③ 单击立即菜单中的"2:间距"或"3:角度",则系统要求重新确定剖面线的间距和角度,用户可仿照前面的输入方法由键盘重新输入新值。

④ 用光标拾取封闭环内的一点,系统搜索到的封闭环上的各条曲线变为红色,然后再右击加以确认。这时,一组按立即菜单上用户定义的剖面线立刻在环内画出。此方法操作简单、方便、快捷,适用于各式各样的封闭区域。

⑤ 拾取环内点的位置,当用户拾取点以后,系统首先从拾取点开始,从右向左搜索最小封闭环。如图 2-21 所示,矩形为一个封闭环,而其内部又有一个圆,圆也是一个封闭环。若用户拾取的点设在 a 点,则从 a 点向左搜索到的最小封闭环是矩形,a 点在环内,可以作出剖面线。若拾取的点设在 b 点,则从 b 点向左搜索到的最小封闭环为圆,b 点在环外,不能作出剖面线。

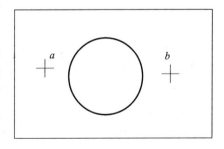

图 2-21 拾取点的位置

(2) 拾取边界画剖面线

根据拾取到的曲线搜索环生成剖面线。如果拾取到的曲线不能生成互不相交的封闭环,则操作无效。

操作步骤

① 单击"绘图工具"工具条中的"剖面线"工具按钮。

② 在弹出的立即菜单"1:"中选择"拾取边界"方式。

③ 单击立即菜单中的"2:间距"或"3:角度",则系统要求重新确定剖面线的间距和角度,

用户可由键盘重新输入新值。

④ 移动光标拾取构成封闭环的若干条曲线,如果所拾取的曲线能够生成互不相交(重合)的封闭的环,则右击确认后,一组剖面线立即被显示出来,否则操作无效。例如,图 2-22(a) 所示封闭环被拾取后可以画出剖面线,而图 2-22(b) 则由于不能生成互不相交的封闭环,系统认为操作无效,因而不能画出剖面线。在拾取边界曲线不能够生成互不相交的封闭环的情况下,应改用拾取点的方式。在指定区域内生成剖面线。例如,图 2-22(b) 中的圆和四边形相重叠的小块区域内,不能使用拾取边界的方法来绘制剖面线,而使用拾取点方式则可以很容易地绘制出剖面线。

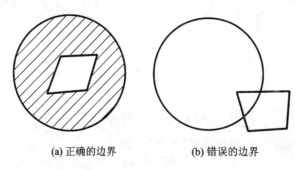

(a) 正确的边界   (b) 错误的边界

图 2-22 拾取边界曲线的正误

由于拾取边界曲线的操作处于添加状态,因此拾取边界的数量是不受限制的,被拾取的曲线变成了红色,拾取结束后,右击确认。不被确认的拾取操作不能画出剖面线,确认后,被拾取的曲线恢复了原色,并在封闭的环内画出剖面线。

9. 圆

圆是一个常见的对象,CAXA 电子图板中提供了四种绘制圆的方式,如图 2-23 所示。

(1) 圆心_半径画圆

已知圆心和半径画圆。

操作步骤

① 单击"绘图工具"工具条中的"圆"工具按钮⊕。

② 单击立即菜单"1:",弹出绘制圆的各种方法的选项菜单,如图 2-23 所示,其中每一项都为一个转换开关,可对不同画圆方法进行切换,这里选择"圆心_半径"菜单项。

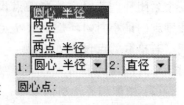

图 2-23 圆立即菜单

③ 按提示要求输入圆心,提示变为"输入半径或圆上一点"。此时,可以直接由键盘输入所需半径数值,并按 Enter 键;也可以移动光标,确定圆上的一点,并单击。

④ 若用户单击立即菜单"2:",则显示内容由"半径"变为"直径",则输入圆心后,系统提示变为"输入直径或圆上一点",用户由键盘输入的数值为圆的直径。

右击将重复此操作。

(2) 两点画圆

通过两个已知点画圆,这两个已知点之间的距离为直径。

操作步骤

① 单击"绘图工具"工具条中的"圆"工具按钮⊕。

② 单击立即菜单"1:",从中选择"两点"项。

③ 按提示要求输入第一点和第二点后,一个完整的圆被绘制出来。

右击将重复此操作。

(3) 三点画圆

过已知三点画圆。利用三点圆和工具点菜单可以很容易地绘制出三角形的外接圆和内切圆,如图 2-24 所示。

操作步骤

① 单击"绘图工具"工具条中的"圆"工具按钮⊕。

② 单击立即菜单"1:",选择"三点"菜单项。

③ 按提示要求输入第一点、第二点和第三点后,一个完整的圆被绘制出来。在输入点时可充分利用智能点、栅格点、导航点和工具点。

右击将重复此操作。

(4) 两点_半径画圆

过两个已知点和给定半径画圆。

图 2-24 三点圆

操作步骤

① 单击"绘图工具"工具条中的"圆"工具按钮⊕。

② 单击立即菜单"1:",选择"两点_半径"菜单项。

③ 按提示要求输入第一点、第二点后,用光标或键盘输入第三点或由键盘输入一个半径值,一个完整的圆被绘制出来。

右击将重复此操作。

10. 绘制矩形

矩形是所有行业都使用的图形,CAXA 电子图板和 AutoCAD 中矩形的最大区别在于,CAXA 电子图板中矩形是以单个线的形式存在的,而 AutoCAD 中矩形是以块的形式出现的。另外,CAXA 电子图板在绘制矩形过程中不仅可以添加中心线,而且可以使用中心线定位和顶边定位。

操作步骤

① 单击"绘图工具"工具条中的"矩形"工具按钮。

② 若在立即菜单"1:"中选择"两角点"菜单项,则可按提示要求,用光标指定第一角点和

第二角点。在指定第二角点的过程中,一个不断变化的矩形已经出现,待选定位置后单击,这时,一个用户期望的矩形被绘制出来。用户也可直接从键盘输入两角点的绝对坐标或相对坐标。比如第一角点坐标为(20,15),矩形的长为36,宽为18,则第二角点绝对坐标为(56,33),相对坐标(@36,18)。不难看出,在已知矩形的长和宽,且使用"两角点"方式时,用相对坐标要简单一些。

③ 在立即菜单"1:"中选择"长度和宽度"菜单项,则在原有位置弹出一个新的立即菜单,如图2-25所示。这个立即菜单表明以长度和宽度为条件绘制一个以中心定位,倾角为0°,长度为200,宽度为100的矩形。用户按提示要求指定一个定位点,则一个满足上述要求的矩形被绘制出来。在操作过程中,用户会发现,在定位点尚未确定之前,一个矩形已经出现,且随光标的移动而移动,一旦定位点指定,即以该点为中心,绘制出长度为200、宽度为100的矩形。

```
1:长度和宽度 ▼ 2:中心定位 ▼ 3:角度 0  4:长度 200  5:宽度 100  6:无中心线 ▼
定位点:                                                          rect/rectang
```

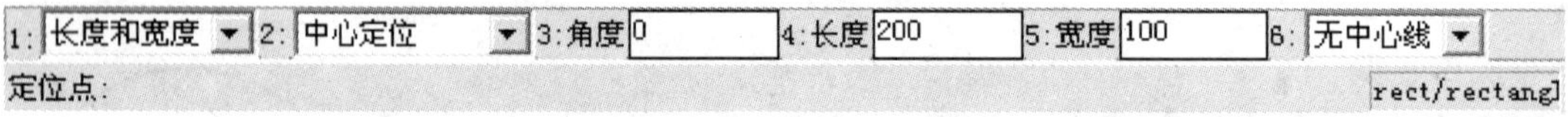

图2-25 按长和宽绘制矩形

④ 单击立即菜单中的"2:",则该处的显示由"中心定位"切换为"顶边中点"定位,即以矩形顶边的中点为定位点绘制矩形。

⑤ 单击立即菜单中的"3:角度"、"4:长度"、"5:宽度",均可出现新提示"输入实数"。用户可按操作顺序分别输入倾斜角度、长度和宽度的参数值,以确定待画新矩形的条件。

右击将重复此操作。

11. 正多边形

"正多边形"命令用于给定点处绘制一个给定半径、给定边数的正多边形。CAXA电子图板绘制出的正多边形与矩形一样,都是以单个线条的形式出现的。在绘制方法上与AutoCAD最大的不同是,除了可以使用中心定位,还可以使用边定位,用边长控制图形的尺寸,如图2-26所示。

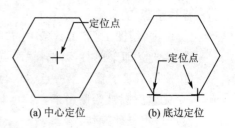

图2-26 多边形的定位

操作步骤

① 单击"绘制工具"工具条中的"正多边形"工具按钮。在弹出的立即菜单"1:"中,选取"中心定位"方式,如图2-27所示。

```
1:中心定位 ▼ 2:给定半径 ▼ 3:内接 ▼ 4:边数 6   5:旋转角 0
中心点:
```

图2-27 立即菜单1

② 单击立即菜单"2:",可选择"给定半径"方式或"给定边长"方式。若选"给定半径"方式,则可根据提示输入正多边形的内切(或外接)圆半径;若选"给定边长"方式,则输入每一边的长度。

③ 单击立即菜单"3:",则可选择"内接"或"外切"方式,表示所画的正多边形为某个圆的内接或外切正多边形。

④ 单击立即菜单中的"4:边数",则可按照操作提示重新输入待画正多边形的边数。边数的范围是(3,36)之间的整数。

⑤ 单击立即菜单"5:旋转角",可根据提示输入一个新的角度值,以决定正多边形的旋转角度。

⑥ 立即菜单项中的内容全部设定完后,可按提示要求输入一个中心点,则提示变为"圆上一点或内接(外切)圆半径"。如果输入一个半径值或输入圆上一个点,则由立即菜单所确定的内接正六边形被绘制出来。点与半径的输入可用光标或键盘来完成。

⑦ 在立即菜单的"1:"中选择"底边定位",则立即菜单和操作提示如图 2-28 所示。此菜单的含义为画一个以底边为定位基准的正多边形,其边长和旋转角都可以用上面介绍的方法进行操作。按提示要求输入第一点,则提示会要求输入"第二点或边长"。根据这个要求如果输入了第二点或边长,就等于决定了正多边形的大小。当输入完第二点或边长后,就会立即画出一个以第一点和第二点为边长的正六边形,且旋转角为用户设定的角度。

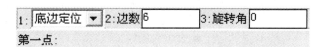

图 2-28 立即菜单 2

12. 椭　圆

用光标或键盘输入椭圆中心,然后按给定长、短轴半径画一个任意方向的椭圆或椭圆弧,如图 2-29 所示。

操作步骤

① 单击"绘图工具"工具条中的"椭圆"工具按钮 。

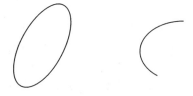

图 2-29 绘制椭圆和椭圆弧

② 如图 2-30 所示,在屏幕下方弹出的立即菜单的含义为,以定位点为中心画一个旋转角为 0°、长半轴为100、短半轴为50 的椭圆,此时,用光标或键盘输入一个定位点。一旦位置确定,椭圆即被绘制出来。用户会发现,在移动光标确定定位点时,一个长半轴为100、短半轴为50 的椭圆随光标的移动而移动。

③ 单击立即菜单中"2:长半轴"或"3:短半轴"文本框,按系统提示用户可重新定义待画椭圆的长、短轴的半径值。

从 AutoCAD 到 CAXA 电子图板

图 2-30 立即菜单

④ 单击立即菜单中"4：旋转角"文本框，可输入旋转角度，以确定椭圆的方向。

⑤ 单击立即菜单中"5：起始角"和"6：终止角"文本框，可输入椭圆的起始角和终止角，当起始角为 0°、终止角为 360°时，所画的为整个椭圆。当改变起始角、终止角时，所画的为一段从起始角开始，到终止角结束的椭圆弧。

⑥ 在立即菜单的"1："中选择"轴上两点"，则系统提示用户输入一个轴的两个端点，然后输入另一个轴的长度，也可用拖动来决定椭圆的形状。

⑦ 在立即菜单的"1："中选择"中心点_起点"方式，则应输入椭圆的中心点和一个轴的端点（即起点），然后输入另一个轴的长度，也可用拖动来决定椭圆的形状。

13. 绘制点

在屏幕指定位置处画一个孤立点或在曲线上画等分点，如图 2-31 所示。

图 2-31 三等分直线

操作步骤

① 单击"绘图工具"工具条中的"点"工具按钮 。

② 单击立即菜单中"1："的下三角按钮，可选取"孤立点"、"等分点"和"等弧长点"三种方式。

③ 若选"孤立点"，则可用光标拾取或键盘直接输入点，利用工具点菜单，则可画出端点、中点和圆心点等特征点。

④ 若选"等分点"，则先单击立即菜单中"2：等分数"文本框，输入等分的份数，然后拾取要等分的曲线，即可绘制出曲线的等分点。请注意，这里只是作出等分点，而不会将曲线打断，若欲对某段曲线进行若干等分，则除本操作外，还应使用 3.1 节"曲线编辑"中介绍的"打断"操作。

⑤ 若选"等弧长点"，则将圆弧按指定的弧长划分。单击立即菜单的"2："，可以切换"指定弧长"方式和"两点确定弧长"方式。如果选中"指定弧长"方式，则在其"3：等分数"文本框中输入等分的份数，在"4：弧长"文本框中指定每段弧的长度，然后拾取要等分的曲线，接着拾取起始点，选取等分的方向，则可绘制出曲线的等弧长点。如果选中"两点确定弧长"方式，则在"3：等分数"文本框中输入等分的份数，然后拾取要等分的曲线，拾取起始点，选取等弧长点（弧长），则可绘制出曲线的等弧长点。

2.2 高级几何图形绘制

高级曲线是指由基本元素组成的一些特定的图形或特定的曲线。这些图元都能完成绘图设计的某种特殊要求。

1. 孔/轴

使用"孔/轴"命令可以在给定位置画出带有中心线的圆轴和圆孔或圆锥和锥孔,如图2-32所示。"孔/轴"命令从字面意思理解就是绘制轴或孔的一个专用工具,但是在实际绘图中,"孔/轴"命令往往用于绘制复杂图形的轮廓,灵活运用"孔/轴"命令可使复杂图形的绘制变得简单,大大提高绘图效率。该工具是CAXA电子图板中的一个亮点。

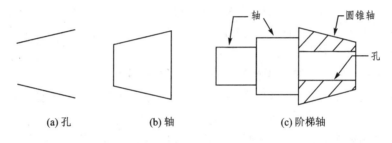

图2-32 孔和轴

操作步骤

① 单击"绘图工具Ⅱ"工具条中的"孔/轴"工具按钮。

② 如图2-33所示,单击立即菜单的"1:",则可进行"轴"和"孔"的切换,不论是画轴还是画孔,剩下的操作方法完全相同。轴与孔的区别只是在于画孔时省略了两端的端面线。

图2-33 立即菜单

③ 单击立即菜单中"2.中心线角度"文本框,用户可以按提示输入一个角度值,以确定待画轴或孔的倾斜角度,角度的范围是 $-360°\sim360°$。

④ 按提示要求,移动光标或用键盘输入一个插入点,这时在立即菜单处出现一个新的立即菜单如图2-34所示。立即菜单列出了待画轴的已知条件,提示下面要进行的操作。此时,如果拖动会发现,一个直径为100的轴被显示出来,该轴以插入点为起点,其长度由用户给出。

⑤ 如果单击立即菜单中的"2:起始直径"或"3:终止直径"文本框,用户可以输入新值以重新确定轴或孔的直径,如果起始直径与终止直径不同,则画出的是圆锥孔或圆锥轴。

图 2-34 立即菜单

⑥ 立即菜单中"4:"的"有中心线"选项表示在轴或孔绘制完后,会自动添加上中心线,如果选择"无中心线"方式,则不会添加上中心线。

⑦ 当立即菜单中的所有内容设定完后,用光标确定轴或孔上一点,或由键盘输入轴或孔的轴长度。一旦输入结束,一个带有中心线的轴或孔被绘制出来。

本命令可以连续地重复操作,右击结束操作。

2. 绘制波浪线

按给定方式生成波浪曲线,改变波峰高度可以调整波浪曲线各曲线段的曲率和方向,如图 2-35 所示。

图 2-35 波浪线的绘制

操作步骤

① 单击"绘制工具Ⅱ"工具条中的"波浪线"工具按钮 。

② 单击立即菜单"1:波峰",可以在(-100,100)范围内输入波峰的数值,以确定浪峰的高度。

③ 按菜单提示要求,用光标在画面上连续指定几个点,一条波浪线随即显示出来,在每两点之间绘制出一个波峰和一个波谷,右击即可结束。

3. 双折线

由于图幅限制,有些图形无法按比例画出,可以用双折线表示。双折线还可以表示断裂处的边界线,CAXA 电子图板设有专门绘制双折线的工具。在绘制双折线时,对折点距离进行控制,如图 2-36 所示。

图 2-36 双折线

操作步骤

① 单击"绘图工具Ⅱ"工具条中的"双折线"工具按钮 。

② 用户可通过直接输入两点画出双折线,也可拾取现有的一条直线将其改为双折线。

③ 如果在立即菜单"1:"中选择"折点距离",在立即菜单"2:距离"中输入距离值,拾取直线或点,则生成给定折点距离的双折线。

④ 如果在立即菜单"1:"中选择"折点个数",在立即菜单"2:个数"中输入折点的个数值,拾取直线或点,则生成给定折点个数的双折线。

4. 公式曲线

公式曲线是数学表达式的曲线图形，是根据数学公式（或参数表达式）绘制出相应的数学曲线。公式的给出既可以是直角坐标形式的，也可以是极坐标形式的。公式曲线为用户提供一种更方便、更精确的作图手段，以适应某些精确型腔、轨迹线形的作图设计。用户只要交互输入数学公式，给定参数，计算机便会自动绘制出该公式描述的曲线。

操作步骤

① 单击"绘图工具"工具条中的"公式曲线"工具按钮。

② 屏幕上将弹出"公式曲线"对话框，如图 2-37 所示。用户可以在对话框中先选择是在直角坐标系下还是在极坐标下输入公式。

③ 填写需要给定的参数：变量名、起终值（变量的起终值，即给定变量范围），并选择变量的单位。

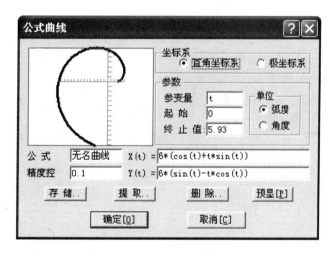

图 2-37 "公式曲线"对话框

④ 在编辑框中输入公式名、公式及精度。然后用户可以单击"预显"按钮，在左上角的预览框中可以看到设定的曲线。

⑤ 对话框中还有储存、提取和删除三个按钮。储存是针对当前曲线而言的，即保存当前曲线；提取和删除都是对已存在的曲线进行操作，用单击这两项中的任何一项都会列出所有已存在公式曲线库的曲线，以供用户选取。

⑥ 用户设定完曲线后，单击"确定"按钮，按照系统提示输入定位点以后，一条公式曲线就绘制出来了。

本命令可以重复操作，右击结束操作。

5. 画箭头

在直线、圆弧、样条或某一点处,按指定的正方向或反方向画一个实心箭头。箭头的大小可在"系统设置"菜单中的"标注参数"选项中设置。

操作步骤

① 单击"绘图工具Ⅱ"工具条中的"箭头"工具按钮 。

② 单击立即菜单"1:",则可进行"正向"和"反向"的切换。允许用户在直线、圆弧或某一点处画一个正向或反向的箭头。

③ 系统对箭头的方向是这样定义的:

直　线　头指向与 X 正半轴的夹角大于等于 0°,小于 180°时为正向;大于等于 180°,小于 360°时为反向。

圆　弧　针方向为箭头的正方向,顺时针方向为箭头的反方向。

样　条　针方向为箭头的正方向,顺时针方向为箭头的反方向。

指定点　点的箭头无正、反方向之分,它总是指向该点的。

以上定义如图 2-38～2-41 所示。

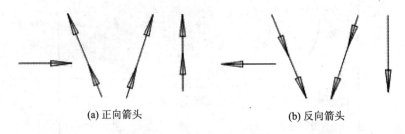

(a) 正向箭头　　　　　　　(b) 反向箭头

图 2-38　直线上的箭头

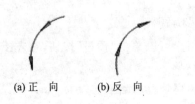

(a) 正　向　　(b) 反　向

图 2-39　圆弧的箭头

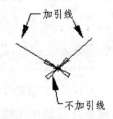

图 2-40　某点处的箭头

④ 按操作提示要求,用光标拾取直线、圆弧或某一点,拾取后,操作提示变为"箭头位置"。按这一提示,再用光标选定加画箭头的确切位置。用户会看到在移动光标时,一个绿色的箭头已经显示出来,且随光标的移动而在直线或圆弧上滑动,待选好位置单击,则箭头被画出。

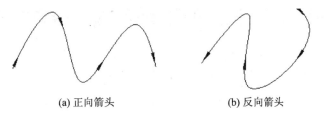

图 2-41 样条的箭头

⑤ 在某一点处加画一个箭头,系统还允许用户临时画出箭头的引线,引线长度由用户确定,箭头的方向可在 360°范围内选择,拖动可看到引线的长度和方向随光标的移动而变化;当认为合适时,单击即可画出箭头及引线,若不需画引线,则选定"箭头位置"后,不必拖动,直接单击即可。

⑥ 用户还可以像画两点线一样绘制带箭头的直线,若选"正向",则箭头由第二点指向第一点,若选"反向",则箭头由第一点指向第二点,如图 2-42 所示。绘制方法是,当系统提示"拾取直线、圆弧或第一点"时,用光标在绘图区内任意指定一点拖动,可以看到一条动态的带箭头直线随光标的移动而变化,当移动到合适位置时,再单击输入第二点,则带箭头的直线绘制完成。

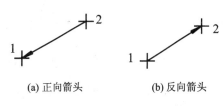

图 2-42 带箭头的直线

6. 齿 轮

"齿轮"命令用于齿轮的绘制,按给定的参数生成整个齿轮或生成给定个数的齿形。

操作步骤

① 单击"绘图工具Ⅱ"工具条中的"齿轮"工具按钮。

② 当选取齿轮生成功能项后,系统弹出"齿轮参数"对话框,如图 2-43 所示。在对话框中可设置齿轮的齿数、模数、压力角及变位系数等,还可改变齿轮的齿顶高系数和齿顶隙系数来改变齿轮的齿顶圆半径和齿根圆半径,也可直接指定齿轮的齿顶圆直径和齿根圆直径。

③ 确定齿轮的参数后,单击"下一步"按钮,弹出"齿轮预显"对话框,如图 2-44 所示。在此对话框中,可设置齿形的齿顶过渡圆角的半径和齿根过渡圆弧半径及齿形的精度,并可确定要生成的齿数和起始齿相对于齿轮圆心的角度。确定参数后可单击"预显"按钮观察生成的齿形。单击"完成"按钮结束齿形的生成,如果要修改前面的参数,单击"上一步"按钮可回到前一个对话框。

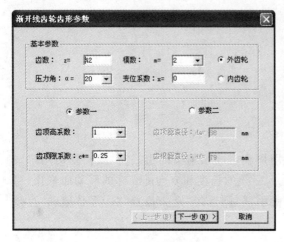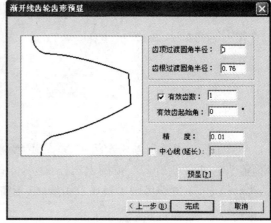

图 2-43 "渐开线齿轮齿形参数"对话框　　图 2-44 "渐开线齿轮齿形预显"对话框

④ 结束齿形的生成后,给出齿轮的定位点即可完成该功能。

注　意　该功能生成的齿轮要求模数大于 0.1 且小于 50,齿数大于等于 5 且小于 1 000。

7. 圆弧拟合样条

可以将样条线分解为多段圆弧,并且可以指定拟合的精度。配合查询功能使用,可以使加工代码编程更方便。

操作步骤

① 单击"绘图工具Ⅱ"工具条中的"圆弧拟合样条"工具按钮,在立即菜单中选择参数,如图 2-45 所示。

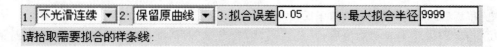

图 2-45 立即菜单

② 单击立即菜单"1:",可选取"不光滑连续"或"光滑连续"。
③ 单击立即菜单"2:",可选取"保留原曲线"或"不保留原曲线"。
④ 拾取需要拟合的样条线。
⑤ 选择"查询"|"元素属性"菜单项,窗口选取样条的所有拟合圆弧,右击确定。
⑥ 弹出"查询结果"对话框,拉动滚动条,可见各拟合圆弧属性,如图 2-46 所示。

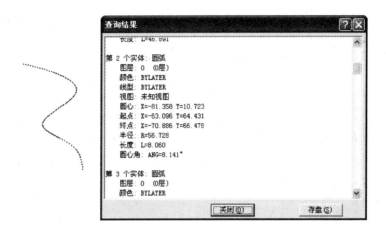

图 2-46 圆弧拟合样条

8. 局部放大

"局部放大"工具是 CAXA 电子图板用来绘制局部放大图的专用工具,也是绘图工具中的一个亮点。用一个圆形窗口或矩形窗口将图形的任意一个局部图形按比例进行实时放大,在机械图样中会经常使用这一功能。

图 2-47 所示为局部放大的实例,图中将螺栓中螺纹与光杆连接处用圆形窗口和矩形窗口两种方式进行放大。

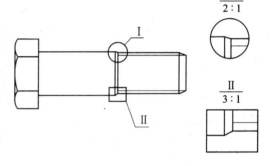

图 2-47 局部放大

注 意 局部放大后,尺寸值按放大比例值而放大,尺寸标注时要调整度量比例。

(1) 圆形窗口局部放大
操作步骤
① 选择"绘图"|"局部放大图"菜单项,或单击"标注工具"工具条中的"局部放大"工具按钮 。
② 系统弹出立即菜单,如图 2-48 所示。从立即菜单项"1:"中选择"圆形边界"。

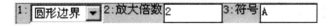

图 2-48 立即菜单

③ 在立即菜单的"2:放大倍数"和"3:符号"中可输入放大比例和该局部视图的名称。

④ 输入局部放大图形圆心点。
⑤ 输入圆形边界上的一点或输入圆形边界的半径。
⑥ 系统弹出新的立即菜单,用户可选择是否添加引线。
⑦ 此时提示为"符号插入点",如果不需要标注符号文字,则右击;否则,移动光标在屏幕上选择合适的插入位置后,单击插入符号文字。
⑧ 此时提示为"实体插入点"。已放大的局部放大图形虚像随着光标的移动动态显示。在屏幕上指定合适的位置输入实体插入点,生成局部放大图形。
⑨ 如果在步骤⑦输入了符号插入点,则此时提示"符号插入点",移动光标在屏幕上合适的位置输入符号文字插入点,生成符号文字。

(2) 矩形窗口局部放大
操作步骤
① 选择"绘图"|"局部放大图"菜单项,或单击"标注工具"工具条中的"局部放大"工具按钮 。
② 从立即菜单的"1:"中选择"矩形边界",如图 2-49 所示。

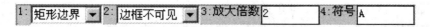

图 2-49 立即菜单

③ 用户在立即菜单"2:"中可选择矩形框可见或不可见,在"3:比例"和"4:符号"中,则可输入放大比例和该局部视图的名称。
④ 按系统提示输入局部放大图形矩形两角点;如果步骤①中选择边框,则可生成矩形边框;否则不生成。
⑤ 这时系统弹出新的立即菜单,用户可选择是否加引线。
⑥ 此时提示为"符号插入点",如果不需要标注符号文字,则右击;否则,移动光标在屏幕上选择合适的插入位置后,单击插入符号文字。
⑦ 此时提示为"实体插入点"。已放大的局部放大图形虚像随着光标的移动动态显示。在屏幕上指定合适的位置输入实体插入点,生成局部放大图形。
⑧ 如果在步骤⑦输入了符号插入点,则此时提示"符号插入点",移动光标在屏幕上合适的位置输入符号文字插入点,生成符号文字。

2.3 体验实例

本节讲述图 2-1 所示的套筒工程图的绘制方法,通过实例使读者体会 CAXA 电子图板在绘制机械工程图上的快捷和方便。读者在学习时要注意"轴/孔"命令的使用方法,以及"局部放大图"命令的操作方法。

操作步骤

① 单击"绘图工具Ⅱ"工具条中的"轴/孔"工具按钮，捕捉以(0,0)点为轴的起点,在立即菜单的"2:起始直径"文本框中输入第一段轴的直径95,输入长度210,按 Enter 键;在"2:起始直径"文本框中输入第二段轴的直径85,输入长度49,按 Enter 键;在"2:起始直径"文本框中输入第三段轴的直径95,输入长度11,按 Enter 键;在"2:起始直径"文本框中输入第四段轴的直径93,输入长度4,按 Enter 键;在"2:起始直径"文本框中输入第五段轴的直径132,输入长度20,右击结束命令。结果如图 2-50 所示。

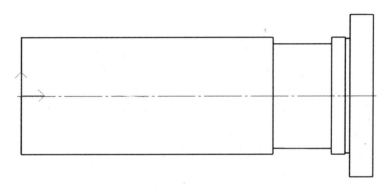

图 2-50 绘制轴图形

② 右击,重复使用"轴/孔"命令,捕捉以交点 a 为轴的起点,在立即菜单的"2:起始直径"文本框中输入第一段轴的直径95,输入长度8;在立即菜单的"2:起始直径"文本框中输入第二段轴的直径60,捕捉以交点 b 为轴的终点,右击结束命令。结果如图 2-51 所示。

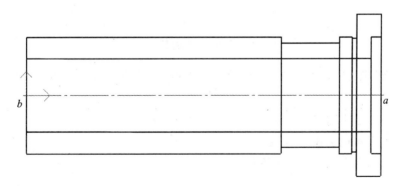

图 2-51 绘制轴图形

③ 单击"编辑工具"工具条中的"裁剪"工具按钮，拾取需要裁减的图元。单击"删除"工具按钮，拾取需要删除的图元,右击删除图形。结果如图 2-52 所示。

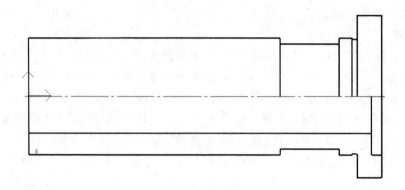

图 2-52 修改图形

④ 单击"绘图工具"工具条中的"等距线"工具按钮，在立即菜单的"1:"中选择"单个拾取"，在"2:"中选择"指定距离"，在"5:距离"中输入 142；拾取直线 a，在其左侧单击，在"5:距离"中输入 67；拾取直线 b，在其右侧单击。结果如图 2-53 所示。

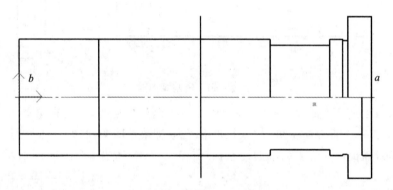

图 2-53 绘制等距线

⑤ 单击"绘图工具"工具条中的"圆"工具按钮，捕捉交点 a 为圆心，绘制直径为 40 的圆。

⑥ 单击"绘图工具"工具条中的"矩形"工具按钮，在立即菜单的"1:"中选择"长度和宽度"，在"4:长度"文本框中输入 36，在"5:宽度"文本框中输入 36，在"6:"中选择"中心线"，捕捉交点 b 为中心点。结果如图 2-54 所示。

⑦ 将步骤④绘制的等距线删除。

⑧ 单击"绘图工具"工具条中的"中心线"工具按钮，拾取直径为 40 的圆。

⑨ 单击"编辑工具"工具条中的"拉伸"工具按钮，拾取圆和矩形的垂直中心线两端，将其拉伸到适当长度，如图 2-55 所示。

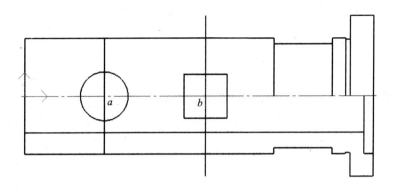

图 2-54 绘制圆和矩形

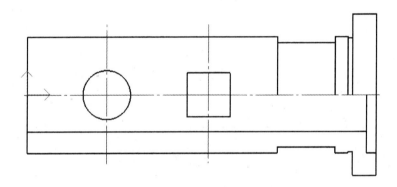

图 2-55 拉伸直线

⑩ 单击"编辑工具"工具条中的"过渡"工具按钮，在立即菜单的"1:"中选择"多圆角"，在"2:半径"文本框中输入 8，拾取矩形。结果如图 2-56 所示。

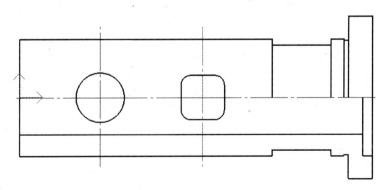

图 2-56 修改圆角

⑪ 单击"绘图工具"工具条中的"直线"工具按钮，单击界面右下方捕捉状态栏，选择"导航"捕捉。在立即菜单的"2："中选择"单个"，在"3："中选择"正交"，利用"导航"捕捉绘制图 2-57 所示的直线。

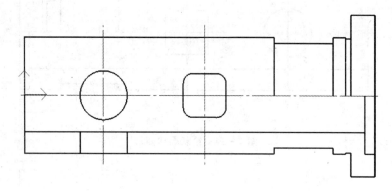

图 2-57 绘制直线

⑫ 单击"绘图工具"工具条中的"圆弧"工具按钮，捕捉 a,b,c 三点绘制一个适当的圆弧。结果如图 2-58 所示。

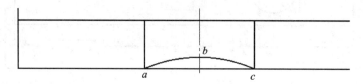

图 2-58 绘制圆弧

⑬ 单击"编辑工具"工具条中的"拷贝"工具按钮，在立即菜单的"1："中选择"给定两点"，在"3："中选择"正交"，拾取步骤⑫绘制的圆弧，右击确定选择，依次捕捉交点 a 和 b，右击结束命令。结果如图 2-59 所示。

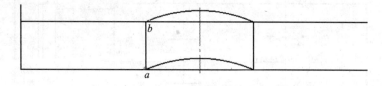

图 2-59 绘制圆弧

⑭ 单击"绘图工具Ⅱ"工具条中的"轴/孔"工具按钮，在立即菜单的"1："中选择"孔"，在"3：中心线角度"中输入 90；捕捉以交点 a 为孔的起点，在"2：起始直径"中输入第一段孔的起始直径 36，输入长度 8.5；在"2：起始直径"中输入第二段孔的起始直径 40，捕捉以交点 b 为孔的终点，右击结束命令。结果如图 2-60 所示。

⑮ 单击"编辑工具"工具条中的"裁剪"工具按钮，拾取需要修剪的图元。结果如图 2-61 所示。

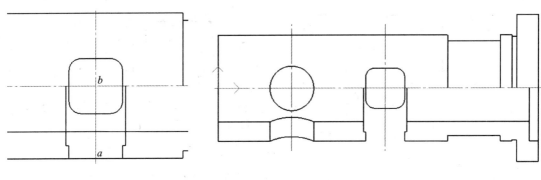

图 2-60　绘制孔图形　　　　　　　图 2-61　裁剪图形

⑯ 单击"绘图工具"工具条中的"直线"工具按钮，绘制一条如图 2-62 所示的直线。由于该直线是一条相贯线，所以这里不做精确绘制。

⑰ 单击"编辑工具"工具条中的"过渡"工具按钮，在立即菜单的"1:"中选择"圆角"，在"2:"中选择"裁剪始边",在"3:半径"中输入 3,先拾取步骤⑯绘制的直线,再拾取另一个修改圆角的边。结果如图 2-63 所示。

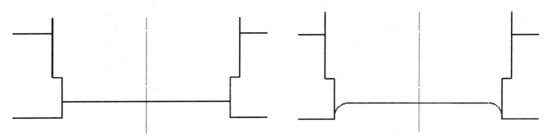

图 2-62　绘制直线　　　　　　　图 2-63　绘制圆角

⑱ 单击"编辑工具"工具条中的"拷贝"工具按钮，在立即菜单的"1:"中选择"给定两点",在"3:"中选择"正交",拾取需要复制的图元,捕捉交点 a 为第一点,捕捉交点 b 为第二点,右击结束命令。结果如图 2-64 所示。

⑲ 使用"拉伸"命令将拉伸的直线 c 和 d 上的端点与圆弧相连接,如图 2-64 所示。

⑳ 选择步骤⑫,⑯,⑰绘制的过渡线,单

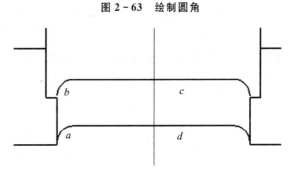

图 2-64　复制图形

53

击"编辑工具"工具条中的"镜像"工具按钮，拾取"水平中心线"。结果如图 2-65 所示。

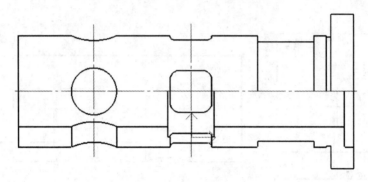

图 2-65 镜像复制图形

㉑ 使用"等距线"命令，在立即菜单的"5:距离"中输入 38，拾取水平中心线，在其下方单击，如图 2-66 所示。

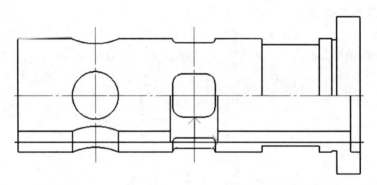

图 2-66 绘制等距线

㉒ 单击"绘图工具"工具条中的"提取图符"工具按钮，弹出"提取图符"对话框，在"图符大类"中选择"常用图形"，在"图符小类"中选择"孔"，在"图符列表"中选择"螺纹盲孔"，单击"下一步"按钮，进入"图符预处理"对话框，在"尺寸规格选择"类表中选择"M8"一列，双击"L"值输入 12；双击"l"值输入 10，单击"确定"按钮。捕捉交点 a，输入 90，按 Enter 键；捕捉交点 b，输入 -90，按 Enter 键，右击结束命令。结果如图 2-67 所示。

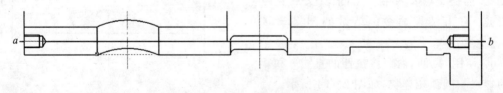

图 2-67 添加图符

㉓ 将步骤㉑绘制的等距线删除。

㉔ 使用"拷贝"命令,在立即菜单的"1:"中选择"给定偏移",在"3:"中选择"正交",拾取步骤㉒绘制的右侧螺孔图形,向上方移动,输入 1.5,按 Enter 键。

㉕ 使用"等距线"命令,在立即菜单的"5:距离"中输入 5,拾取直线 a,在其左侧单击。结果如图 2-68 所示。

㉖ 使用"轴/孔"命令,在立即菜单的"1:"中选"孔",捕捉以交点 a 为孔的起点,在"2:起始直径"中输入 10,在"3:中心线角度"中输入 60,拾取直线 b,右击结束命令。结果如图 2-69 所示。

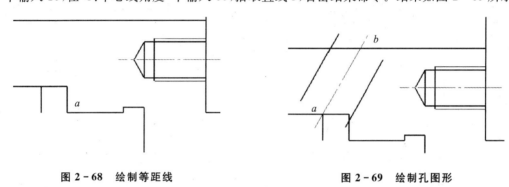

图 2-68 绘制等距线　　　　　图 2-69 绘制孔图形

㉗ 使用"拉伸"命令修改图形,如图 2-70 所示。

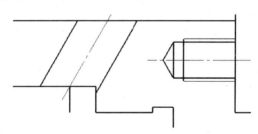

图 2-70 修改图形

㉘ 将步骤㉕绘制的等距线删除。

㉙ 单击"绘图工具"工具条中的"提取图符"工具按钮,弹出"提取图符"对话框,在"图符大类"中选择"常用图形",在"图符小类"中选择"常用剖面图",在"图符列表"中选择"轴截面";单击"下一步"按钮,进入"图符预处理"对话框,在"尺寸规格选择"类表中选择"d"值为 95 的一列,双击"b"值输入 16;双击"t"值输入 5,在图符处理中选择"打散",单击"确定"按钮;使用"导航"捕捉确定定位点 a,输入 90,按 Enter 键。结果如图 2-71 所示。

㉚ 将添加的轴端面图形中的剖面线删除。

㉛ 使用"等距线"命令,在立即菜单"3:"中选择"双向",在"5:"中输入 20,拾取轴端面图形中的两条中心线。结果如图 2-72 所示。

㉜ 单击"编辑工具"工具条中的"镜像"工具按钮，选择需要镜像复制的图元,右击结束选择,拾取垂直中心线,如图2-73所示。

㉝ 以交点 a 为圆心绘制一个直径为60的圆,使用"裁剪"命令修改图形,如图2-74所示。

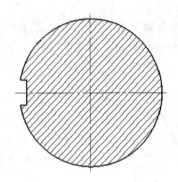

图2-71 绘制轴端面图形

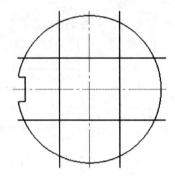

图2-72 绘制等距线

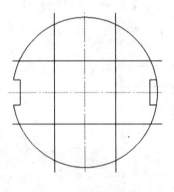

图2-73 镜像复制图形

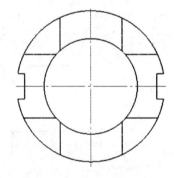

图2-74 裁剪图形

㉞ 选择"绘图"|"局部放大图"菜单项,在需要添加局部放大区域中绘制圆形边界,右击；利用"导航"捕捉确定放大图的位置,右击结束命令。结果如图2-75所示。

㉟ 单击"编辑工具"工具条中"打散"工具按钮，拾取绘制的局部放大图。

㊱ 使用"裁剪"命令修剪局部视图,如图2-76所示。

㊲ 单击"编辑工具"工具条中的"过渡"工具按钮，在"3:半径"中输入1,拾取局部视图中需要修改圆角的两条边。

㊳ 单击"绘图工具"工具条中的"剖面线"工具按钮，在立即菜单的"2:间距"中输入4,拾取需要填充剖面图的区域,右击结束命令。结果如图2-77所示。

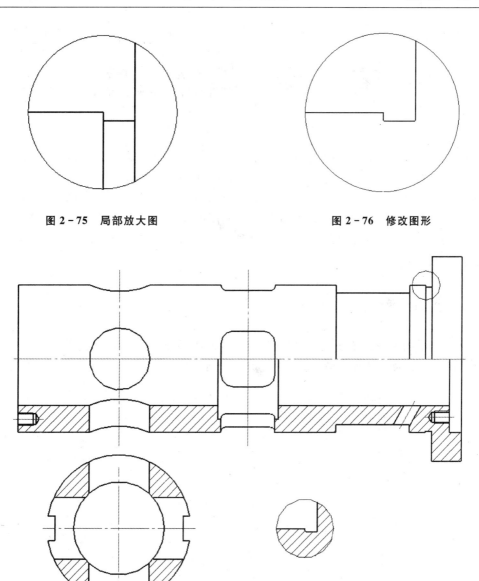

图 2-75 局部放大图　　图 2-76 修改图形

图 2-77 添加剖面线

第 3 章　编辑工具

没有任何绘图工作不需要修改，修改图形的过程称为编辑。图形的编辑功能是交互式绘图软件不可缺少的基本功能。它对提高绘图速度及质量都具有重要作用。CAXA 电子图板编辑命令基本包含了 AutoCAD 中的所有编辑命令，只是在操作方法上大同小异。CAXA 电子图板的编辑修改功能包括形状编辑、属性编辑和图形编辑三个方面，分别安排在"编辑"菜单及"编辑工具"工具条中。其中，最具有特色的是"过渡"命令中的外倒角和内倒角。该命令主要用于轴端和轴孔倒角，对绘制轴孔类零件十分方便。

3.1　曲线编辑

CAXA 电子图板提供了强大的曲线编辑功能，使用户在编辑图形时十分方便快捷。它包括裁剪、过渡、齐边及打断等编辑工具，如图 3-1 所示。

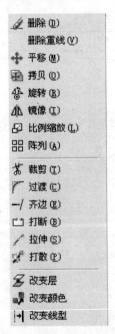

图 3-1　"修改"菜单与"编辑工具"工具条

1. 裁　剪

操作 AutoCAD 中的"裁剪"命令时，首先需要选择裁剪边界，再选择需要裁剪的图元。该操作方法与 CAXA 电子图板"裁剪"命令中的"边界"裁剪方式相同，但 CAXA 电子图板除了"边界"裁剪方式外，还有"快速裁剪"和"批量裁剪"两种方式。

(1) 快速裁剪

用光标直接拾取被裁剪的曲线，系统自动判断边界并做出裁剪响应。快速裁剪在相交较简单的边界情况下可发挥巨大的优势，它具有很强的灵活性，在实践过程中熟练掌握会大大提高工作效率。

操作步骤

① 选择"修改"|"裁剪"菜单项，或单击"编辑工具"工具条中的"裁剪"工具按钮 。

② 系统进入默认的快速裁剪方式。快速裁剪时，允许用户在各交叉曲线中进行任意裁剪操作。其操作方法是直接用光标拾取要被裁剪掉的线段，系统根据与该线段相交的曲线自动确定出裁剪边界，单击后，被拾取的线段则被裁剪掉，如图 3-2 所示。

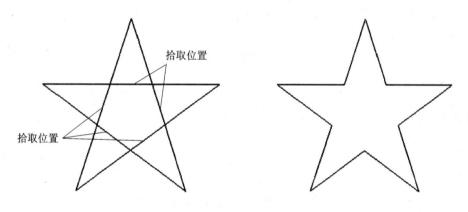

图 3-2　快速裁剪直线

(2) 拾取边界裁剪

对于相交情况复杂的边界，CAXA 电子图板提供了拾取边界的裁剪方式。拾取边界操作方式可以在选定边界的情况下对一系列曲线进行精确的裁剪。此外，拾取边界裁剪与快速裁剪相比，省去了计算边界的时间，因此执行速度比较快。这一点在边界复杂的情况下更加明显。

拾取一条或多条曲线作为剪刀线，构成裁剪边界，对一系列被裁剪的曲线进行裁剪。系统将裁剪掉所拾取到的曲线段，保留在剪刀线另一侧的曲线段。另外，剪刀线也可以被裁剪，如图 3-3 所示。

操作步骤

① 选择"修改"|"裁剪"菜单项，或单击"编辑工具"工具条中的"裁剪"工具按钮 。

② 在立即菜单的"1:"中选择"拾取边界",按提示要求,用光标拾取一条或多条曲线作为剪刀线,然后右击确认。此时,操作提示变为"拾取要裁剪的曲线"。用光标拾取要裁剪的曲线,系统将根据用户选定的边界作出反应,裁剪掉前面拾取的曲线段至边界部分,保留边界另一侧的部分。

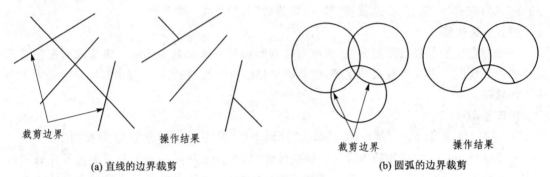

图 3-3 拾取边界裁剪

(3) 批量裁剪

当曲线较多时,可以对曲线进行批量裁剪。

操作步骤

① 选择"修改"|"裁剪"菜单项,或单击"编辑工具"工具条中的"裁剪"工具按钮。

② 在立即菜单的"1:"中选择"批量裁剪"项。

③ 拾取剪刀链。它可以是一条曲线,也可以是首尾相连的多条曲线。

④ 用窗口拾取要裁剪的曲线,右击确认。

⑤ 选择要裁剪的方向,裁剪完成。

2. 过 渡

CAXA 电子图板中"过渡"命令的主要功能与 AutoCAD 中的"圆角"和"倒角"命令相同,用来绘制图形的圆角及倒角。但不同的是,CAXA 电子图板中的"过渡"命令可以直接生成轴类图形的外倒角及孔类图形的内倒角,并且可以选择裁剪始边。

(1) 圆角过渡

在两圆弧(或直线)之间进行圆角的光滑过渡。

操作步骤

① 选择"修改"|"过渡"菜单项,或单击"编辑工具"工具条中的"过渡"工具按钮。

② 单击立即菜单中"1:"的下三角按钮,弹出列表框,用户可以在其中根据作图需要选择不同的过渡形式。列表框如图 3-4 所示。

③ 单击立即菜单中"2:"的下三角按钮,则弹出一个如图 3-5 所示的列表框。选择可以对其进行裁剪的方式。各方式的含义如下:

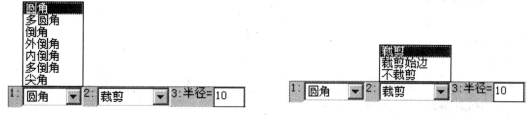

图 3-4 "过渡"立即菜单   图 3-5 列表框

"裁剪"　裁剪掉过渡后所有边的多余部分。
"裁剪始边"　只裁剪掉起始边的多余部分,起始边即用户拾取的第一条曲线。
"不裁剪"　执行过渡操作以后,原线段保留原样,不被裁剪。
图 3-6(a),(b),(c)分别表示了它们的含义。

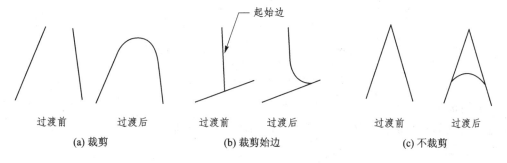

(a) 裁剪　　　　　　(b) 裁剪始边　　　　　　(c) 不裁剪

图 3-6　圆角过渡的裁剪方式

④ 单击立即菜单的"3:半径="后,可按照提示输入过渡圆弧的半径值。
⑤ 按当前立即菜单的条件及操作和提示的要求,用光标拾取待过渡的第一条曲线,被拾取到的曲线呈红色显示,而操作提示变为"拾取第二条曲线"。在用光标拾取第二条曲线以后,在两条曲线之间用一个圆弧光滑过渡。注意,用光标拾取的曲线位置不同,会得到不同的结果,而且过渡圆弧半径的大小应合适,否则也将得不到正确的结果。

从图 3-7 中给出的几个例子可以看出,拾取曲线位置的不同,其结果也各异。

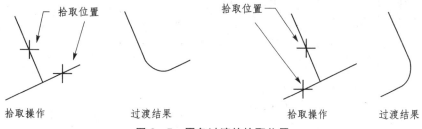

图 3-7　圆角过渡的拾取位置

(2) 多圆角过渡

用给定半径过渡一系列首尾相连的直线段。其功能与 AutoCAD"圆角"命令中的"多段线"选项相同。

操作步骤

① 选择"修改"|"过渡"菜单项,或单击"编辑工具"工具条中的"过渡"工具按钮。

② 选择立即菜单中"1:"的"多圆角"项。

③ 单击立即菜单中"3:半径=",按操作提示用户可从键盘输入一个实数,重新确定过渡圆弧的半径。

④ 按当前立即菜单的条件及操作提示的要求,用光标拾取待过渡的一系列首尾相连的直线。这一系列首尾相连的直线可以是封闭的,也可以是不封闭的,如图 3-8 所示。

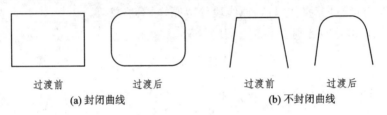

图 3-8 多圆角过渡

(3) 倒角过渡

在两直线间进行倒角过渡。直线可被裁剪或向角的方向延伸。

操作步骤

① 选择"修改"|"过渡"菜单项,或单击"编辑工具"工具条中"过渡"工具按钮。

② 在立即菜单的"1:"中选择"倒角"。

③ 用户可从立即菜单的"2:"中选择"裁剪"方式,操作方法及各选项的含义与"多圆角"过渡中所介绍的一样。

④ 立即菜单中的"3:长度"和"4:倒角"两项内容表示倒角的轴向长度和倒角的角度。根据系统提示,从键盘输入新值可改变倒角的长度与角度。

其中,"轴向长度"是指从两直线的交点开始,沿所拾取的第一条直线方向的长度。"角度"是指倒角线与所拾取第一条直线的夹角,其范围是(0°,180°)。其定义如图 3-9 所示。由于轴向长度和角度的定义均与第一条直线的拾取有关,所以两条直线拾取的顺序也不同,作出的倒角也不同。

⑤ 若需倒角的两直线已相交(即已有交点),则拾取两直线后,立即作出一个由给定长度、给定角度确定的倒

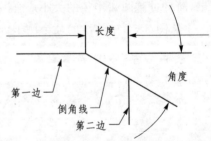

图 3-9 长度和角度的定义

角,如图3-10(a)所示。

如果待作倒角过渡的两条直线没有相交(即尚不存在交点),则拾取完两条直线以后,系统会自动计算出交点的位置,并将直线延伸,而后作出倒角,如图3-10(b)所示。

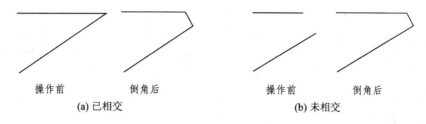

图 3-10 倒角操作

(4) 外倒角和内倒角

"外倒角"和"内倒角"命令是比较特殊的过渡方式,用于三条两两垂直的直线进行倒角过渡,如图3-11所示。

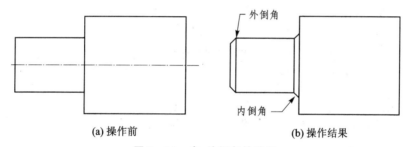

图 3-11 内、外倒角的绘制

操作步骤

① 选择"修改"|"过渡"菜单项,或单击"编辑工具"工具条中"过渡"工具按钮 。

② 在立即菜单的"1:"中选择"外倒角"或"内倒角"。

③ 立即菜单中的"2:"和"3:"两项内容表示倒角的轴向长度和倒角的角度。用户可按照系统提示,从键盘输入新值,改变倒角的长度与角度。

④ 根据系统提示,选择三条相互垂直的直线。这三条相互垂直的直线,即直线 a、b 同垂直于 c,并且在 c 的同侧。外(内)倒角的结果与三条直线拾取的顺序无关,只决定于三条直线的相互垂直关系。

(5) 多倒角

倒角过渡一系列首尾相连的直线。

操作步骤

① 选择"修改"|"过渡"菜单项,或单击"编辑工具"工具条中"过渡"工具按钮 。

② 在立即菜单的"1:"中选择"多倒角"。

③ 立即菜单中的"2:"和"3:"两项内容表示倒角的轴向长度和倒角的角度。用户可按照系统提示,从键盘输入新值,改变倒角的长度与角度。然后根据系统提示,选择首尾相连的直线,具体操作方法与"多圆角"的操作方法十分相似。

(6) 尖 角

在两条曲线(直线、圆弧和圆等)的交点处,形成尖角过渡。两曲线若有交点,则以交点为界,多余部分被裁剪掉;两曲线若无交点,则系统首先计算出两曲线的交点,再将两曲线延伸至交点处。

图 3-12 为尖角过渡的几个实例,图(a)为由于拾取位置的不同而结果不同的例子,图(b)为两曲线已相交和尚未相交的例子。

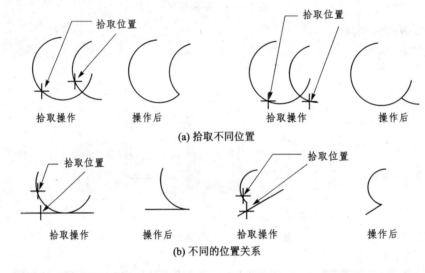

图 3-12 尖角过渡

操作步骤

① 选择"修改"|"过渡"菜单项,或单击"编辑工具"工具条中"过渡"工具按钮 。

② 在立即菜单的"1:"中选择"尖角"。按提示要求连续拾取第一条曲线和第二条曲线以后,即可完成尖角过渡的操作。注意,光标拾取的位置不同,将产生不同的结果,这一点用户应引起足够的注意。

3. 齐 边

以一条曲线为边界对一系列曲线进行裁剪或延伸。

操作步骤

① 选择"修改"|"齐边"菜单项,或单击"编辑工具"工具条中的"齐边"工具按钮 。

② 按操作提示要求用光标拾取一条曲线作为边界,则提示改为"拾取要编辑的曲线"。这

时,根据作图需要可以拾取一系列曲线进行编辑修改,右击结束操作。

③ 如果拾取的曲线与边界曲线有交点,则系统按"裁剪"命令进行操作,即系统将裁剪所拾取的曲线至边界为止。如果被齐边的曲线与边界曲线没有交点,那么,系统将把曲线按其本身的趋势(如直线的方向、圆弧的圆心和半径均不发生改变)延伸至边界(见图3-13(a))。但应注意,由圆或圆弧可能会有例外,因为它们无法向无穷远处延伸,其延伸范围是以半径为限的,而且圆弧只能以拾取的一端开始延伸,不能两端同时延伸(见图3-13(b))。

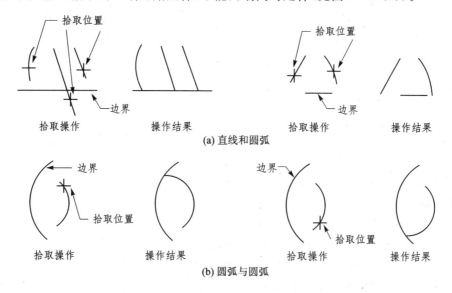

图 3-13 齐边操作

4. 打 断

将一条指定曲线在指定点处打断成两条曲线,以便于其他操作。

操作步骤

① 选择"修改"|"打断"菜单项,或单击"编辑工具"工具条中的"打断"工具按钮。

② 按提示要求用光标拾取一条待打断的曲线。拾取后,该曲线变成红色。这时,提示改变为"选取打断点"。根据当前作图需要,移动光标仔细地选取打断点,选中后,单击,打断点也可用键盘输入。曲线被打断后,在屏幕上所显示的与打断前并没有什么两样。但实际上,原来的曲线已经变成了两条互不相干的曲线,即各自成为一个独立的实体。

③ 注意,打断点最好选在需打断的曲线上,为作图准确,可充分利用智能点、栅格点、导航点及第9章所介绍的工具点菜单。为了方便用户更灵活地使用此功能,电子图板也允许用户把点设在曲线外,使用规则是:若欲打断线为直线,则系统从用户选定点向直线作垂线,设定垂足为打断点;若欲打断线为圆弧或圆,则从圆心向用户设定点作直线,与圆弧的交点被设定为

打断点。图 3-14 所示用户将点选在曲线外的情况。

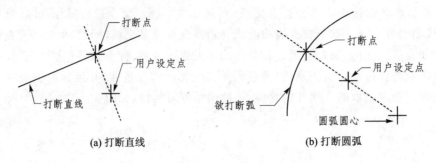

图 3-14　圆弧设定点在曲线外的情况

5. 拉　伸

CAXA 电子图板提供了单条曲线和曲线组的拉伸功能。

(1) 单条曲线拉伸

在保持曲线原有趋势不变的前提下,对曲线进行拉伸处理。

操作步骤

① 选择"修改"|"拉伸"菜单项,或单击"编辑工具"工具条中的"拉伸"工具按钮 。

② 在立即菜单的"1:"中选择"单个拾取"方式。

③ 按提示要求用光标拾取所要拉伸的直线或圆弧的一端,单击后,该线段消失。当再次移动光标时,一条被拉伸的线段由光标拖动着。当拖动至指定位置,单击后,一条被拉伸长了的线段被显示出来。当然也可以将线段缩短,其操作与拉伸完全相同。

④ 拉伸时,用户除了可以直接拖动外,还可以输入坐标值,直线可以输入长度;圆弧可以选择立即菜单的"2:"切换拉伸弧长和拉伸半径。拉伸弧长时圆心和半径不变,圆心角改变,用户可以用键盘输入新的圆心角;拉伸半径时圆心和圆心角不变,半径改变,用户可以输入新的半径值。

本命令可以重复操作,右击结束操作。

除上述的方法以外,CAXA 电子图板还提供一种快捷的方法实现对曲线的拉伸操作。首先拾取曲线,曲线的中点及两端点均以高亮度显示,对于直线,用十字光标上的核选框拾取一个端点,则可拖动进行直线的拉伸。对于圆弧,用核选框拾取端点后拖动可实现拉伸弧长;若拾取圆弧中点后拖动则可实现拉伸半径。这种方法同样适用于圆和样条等曲线。

(2) 曲线组拉伸

移动窗口内图形的指定部分,即将窗口内的图形一起拉伸。

操作步骤

① 选择"修改"|"拉伸"菜单项,或单击"编辑工具"工具条中的"拉伸"工具按钮 。

② 在立即菜单的"1:"中选择"窗口拾取"方式。

③ 按提示要求用光标指定待拉伸曲线组窗口中的第一角点,则提示变为"另一角点"。再拖动输入另一角点,则形成一个窗口。注意,这里窗口的拾取必须从右向左拾取,即第二角点的位置必须位于第一角点的左侧,如图 3-15(a)所示。这一点至关重要,如果窗口不是从右向左选取,则不能实现曲线组的全部拾取。

④ 拾取完成后,提示又变为"X、Y 方向偏移量或位置点"。此时,再移动光标,或从键盘输入一个位置点,窗口内的曲线组被拉伸,如图 3-15(b)所示。注意,这里"X、Y 方向偏移量"是指相对基准点的偏移量,而这个基准点是由系统自动给定的。一般说来,直线的基准点在中点处,圆、圆弧和矩形的基准点在中心,而组合实体和样条曲线的基准点在该实体的包容矩形的中心处。图 3-15(a)中显示出了拾取窗口、包容矩形和基准点等概念。

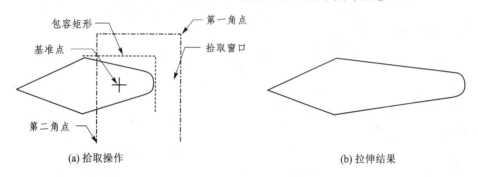

(a) 拾取操作　　　　　　　　　(b) 拉伸结果

图 3-15　曲线组给定偏移拉伸

⑤ 将立即菜单的"2:"中的"给定偏移"切换为"给定两点"。同时,操作提示变为"第一点"。在这种状态下,先用窗口拾取曲线组,当出现"第一点"时,用光标指定一点,提示又变为"第二点",再移动光标时,曲线组被拉伸拖动;当确定第二点后,曲线组被拉伸。如图 3-16 所示,拉伸长度和方向由两点连线的长度和方向决定。

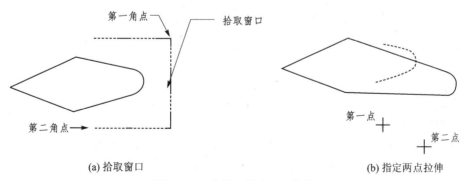

(a) 拾取窗口　　　　　　　　　(b) 指定两点拉伸

图 3-16　曲线组指定两点拉伸

6. 平　移

对拾取到的实体进行平移,有"给定偏移"和"给定两点"两种方式。

(1) 给定偏移

用给定偏移量的方式平移实体。

操作步骤

① 选择"修改"|"平移"菜单项,或单击"编辑工具"工具条中的"平移"工具按钮。在立即菜单的"1:"中选择"给定偏移",设置平移方式如图 3-17 所示。当拾取到实体后,右击确定。

图 3-17　"给定偏移"立即菜单

② 在立即菜单的"2:"中设置"正交/非正交"方式;在"3:旋转角"中输入旋转角度;在"4:比例"中设置比例系数。

③ 按照系统给定的基准点为基准,输入 x 和 y 的偏移量或直接使用光标给定一个平移的位置点。

(2) 给定两点

使用给定的两点作为平移的位置依据。

操作步骤

① 选择"修改"|"平移"菜单项,或单击"编辑工具"工具条中的"平移"工具按钮。在立即菜单的"1:"中选择"给定两点"。当拾取到实体以后,右击确定。

② 选择或捕捉任意一点为基点。

③ 在立即菜单的"2:"中设置"正交/非正交"方式;在"3:旋转角"中输入旋转角度;在"4:比例"中设置比例系数。

④ 选择另一点为移动点。

7. 复　制

对所选择的目标图元进行复制操作。CAXA 电子图板中的"拷贝"命令和"移动"命令在操作方法上基本一致,都存在"给定两点"和"给定偏移"两种方式。但是与 AutoCAD 中的"复制"命令相比,复制生成的图元可以转换为块的形式,另外还可以改变其比例。

操作步骤

① 选择"修改"|"拷贝"菜单项,或单击"编辑工具"工具条中的"拷贝"工具按钮。在立

即菜单的"1:"中选择"给定两点"或"给定偏移",如图 3-18 所示。当拾取到实体以后,右击确定。

图 3-18 立即菜单

② 选择或捕捉任意一点为基点。
③ 在立即菜单的"2:"中选择复制生成图形的显示形式即"保持原态"、"拷贝为块"。
④ 在立即菜单的"3:"中选择"平移"方式即"非正交"、"正交"。
⑤ 在立即菜单的"4:旋转角"中输入旋转角度。
⑥ 在立即菜单的"5:比例"中输入复制生成图形的比例系数。
⑦ 在立即菜单的"6:份数"中输入复制的份数。
⑧ 选择另一点为移动点。

8. 旋 转

对拾取到的实体进行旋转或旋转复制,如图 3-19 和 3-20 所示。

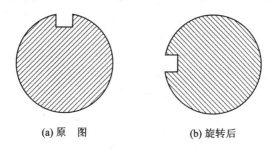

(a) 原 图　　　　(b) 旋转后

图 3-19 旋转操作

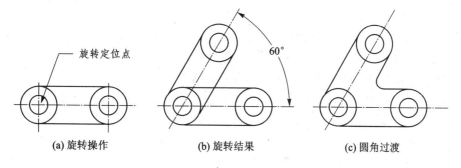

(a) 旋转操作　　　(b) 旋转结果　　　(c) 圆角过渡

图 3-20 旋转复制操作

操作步骤

① 选择"修改"|"旋转"菜单项,或单击"编辑工具"工具条中的"旋转"工具按钮 。

② 按系统提示拾取要旋转的实体,可单个拾取,也可用窗口拾取,拾取到的实体变为红色,拾取完成后右击确认。

③ 用光标指定一个旋转基点。

④ 在立即菜单的"1:"中选择旋转形式,即"旋转角度"、"起始中止点"。若选择"旋转角度",则可由键盘输入旋转角度;若选择"起始中止点",则可用移动光标来确定旋转角。

⑤ 如果在立即菜单的"3:"中选择"拷贝"。用户按这个菜单内容能够进行复制操作。复制操作的方法和操作过程与旋转操作完全相同,只是复制后原图不消失。

9. 镜　像

"镜像"命令是用来绘制具有对称特性的图形。在绘制时可以先绘制二分之一或四分之一,然后将所绘制的图形通过"镜像"命令复制完成。CAXA 电子图板与 AutoCAD 中都有"镜像"命令,且功能也是相同的,如图 3-21 所示。

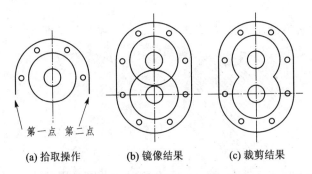

图 3-21　"镜像"复制实例

操作步骤

① 选择"修改"|"镜像"菜单项,或在"编辑工具"工具条中单击"镜像"工具按钮 。

② 在立即菜单的"1:"中选择镜像线的形式,即"选择轴线"、"拾取两点"。

③ 在立即菜单的"2:"中选择镜像的形式,即"镜像"、"拷贝"。若选择"镜像",则当完成镜像操作时原图将消失;若选择"拷贝",则原图将不会消失。

④ 拾取要镜像复制的实体,可单个拾取,也可用窗口拾取,拾取完成后右击确认。

⑤ 如果在立即菜单的"1:"中选择"选择轴线",则用光标拾取一条作为镜像操作的对称轴线,一个以该轴线为对称轴的新图形显示出来。如果在立即菜单的"1:"中选择"拾取两点",其含义为允许用户指定两点,两点连线作为镜像的对称轴线,如图 3-22 所示。

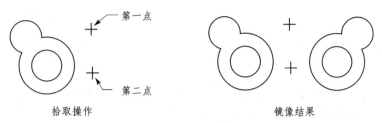

图 3-22 镜像基本操作

10. 比例缩放

对拾取到的实体进行按比例放大和缩小。

操作步骤

① 选择"修改"|"比例缩放"菜单项,或单击"编辑工具"工具条中的"比例缩放"工具按钮 🗗 。

② 按操作提示用光标拾取实体,拾取结束后右击确认,可弹出如图 3-23 所示的立即菜单。

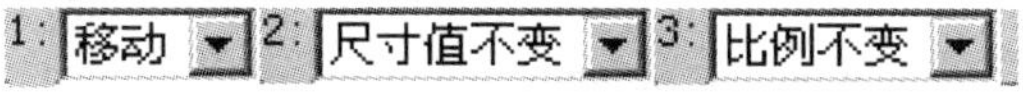

图 3-23 比例缩放立即菜单

"尺寸值不变" 单击此项,则此项内容变为"尺寸值变化"。如果拾取的元素中包含尺寸元素,则此项可以控制尺寸的变化。当选择"尺寸值不变"时,所选择尺寸元素不会随着比例变化而变化。反之,当选择"尺寸值变化"时,尺寸值会根据相应的比例进行放大或缩小。

"比例不变" 单击此项,则此项内容变为"比例变化"。当选择"比例变化"时,尺寸会根据比例系数发生变化。

③ 用光标指定一个比例变换的基点,则系统又提示"比例系数"。

④ 移动光标时,系统自动根据基点和当前光标点的位置来计算比例系数,且动态在屏幕上显示变换的结果。当输入完毕或认为光标位置确定后,单击,一个变换后的图形立即显示在屏幕上。用户也可通过键盘直接输入缩放的比例系数。

11. 阵 列

在机械工程图样中,阵列是一项很重要的操作,并且被经常使用。阵列的方式有圆形阵列和矩形阵列两种。阵列操作的目的是通过一次操作可同时按照一定的排列顺序生成若干个相同的图形,以提高作图速度。

(1) 圆形阵列

对拾取到的实体,以某基点为圆心进行阵列复制,如图 3-24 所示。

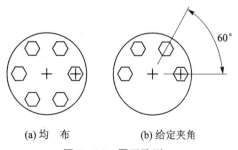

(a) 均 布   (b) 给定夹角

图 3-24 圆形阵列

操作步骤

① 选择"修改"|"阵列"菜单项,或单击"编辑工具"工具条中的"阵列"工具按钮,弹出立即菜单如图3-25所示。

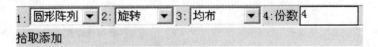

图3-25 立即菜单1

② 用光标拾取实体,拾取完成后右击确认。按照操作提示,单击拾取阵列图形的中心点,一个阵列复制的结果显示出来。

③ 系统根据立即菜单的"2:"中的"旋转",在阵列时自动对图形进行旋转。

④ 系统根据立即菜单的"3:"中的"均布"和"4:份数",自动计算各插入点的位置,且各点之间夹角相等。各阵列图形均匀地排列在同一圆周上。其中的份数数值应包括用户拾取的实体。

⑤ 如在立即菜单的"3:"中选择"给定夹角",则立即菜单如图3-26所示。此立即菜单的含义为用给定夹角的方式进行圆形阵列,各相邻图形夹角为30°,阵列的填充角度为360°。其中,阵列填充角的含义为从拾取的实体所在位置起,绕中心点逆时针方向转过的夹角,相邻夹角和阵列填充角都可以由键盘输入确定。

图3-26 立即菜单2

(2) 矩形阵列

对拾取到的实体按矩形阵列的方式进行阵列复制,如图3-27所示。

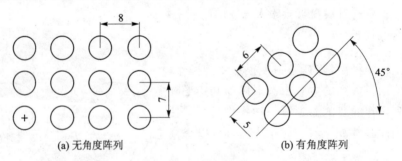

(a) 无角度阵列　　　　(b) 有角度阵列

图3-27 矩形阵列

操作步骤

① 在立即菜单的"1:"中选择"矩形阵列",如图3-28所示。

② 当前立即菜单中规定了矩形阵列的行数、行间距、列数、列间距以及旋转角的默认值时，这些值均可通过键盘输入进行修改。

图 3-28　矩形阵列立即菜单

③ 行、列间距指阵列后各元素基点之间的间距大小；旋转角指与 x 轴正反向的夹角。

3.2　属性编辑

图形属性编辑功能包括改变线型、改变颜色以及改变图层三项内容。在 AutoCAD 中修改对象图形的属性主要是通过"特性"对话框来修改，如图 3-29 所示。CAXA 电子图板中则主要使用"编辑工具"工具条中下方的"改变线性"、"改变颜色"、"改变图层"三个属性编辑按钮，如图 3-30 所示，或者选择"修改"菜单中的三个对应选项。

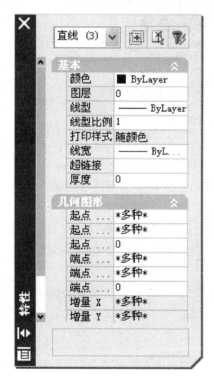 

图 3-29　AutoCAD 中的"特性"对话框　　　图 3-30　CAXA 电子图板"编辑工具"工具条

1. 改变颜色

改变拾取到的实体的颜色。用户应当注意,只有符合过滤条件的实体才能被改变颜色。如拾取的实体为块时,只有当块内图素的颜色为 BYBLOCK 时,该图素的颜色才能被改变。

操作步骤

① 选择"修改"|"改变颜色"菜单项,或单击"编辑工具"工具条中的"改变颜色"工具按钮。

② 拾取要改变颜色的一个或多个图元。拾取结束后,右击确认,系统弹出一个如图 3-31 所示的"颜色设置"对话框。在对话框中选择需要的颜色,单击"确定"按钮。

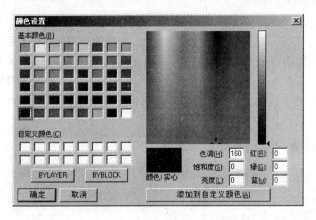

图 3-31 "颜色设置"对话框

2. 改变线型

改变拾取到的实体的线型。注意,只有符合过滤条件的实体才能被改变线型。

操作步骤

① 选择"修改"|"改变线型"菜单项,或单击"编辑工具"工具条中的"改变线型"工具按钮,用光标拾取一个或多个要改变线型的实体,然后,右击确认后,系统立即弹出"设置线型"对话框,如图 3-32 所示。

② 用户可根据作图需要,从对话框中选取需要改变的线型,并单击选中;然后,用光标单击"确定"按钮,被选中改变线型的实体用新线型显示出来。用户还可以定制线型、加载自定义的线型(自定义线型的内容可参照 1.6 节)。

注意 系统只改变当前选中的实体线型,而不改变当前系统的绘图线型,状态显示区也不发生变化。

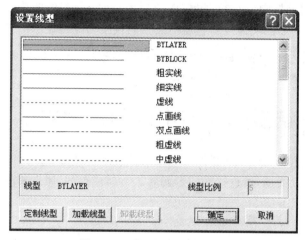

图 3-32 "设置线型"对话框

3. 改变图层

改变拾取到的实体所在的图层。注意,只有符合拾取过滤条件的实体才能被改变图层。

操作步骤

① 选择"编辑"|"改变层"菜单项,或单击"编辑工具"工具条中的"改变图层"工具按钮,用户可在立即菜单中选择"移动"方式和"复制"方式。其中,"移动"方式是指改变用户所选图形的层状态,而"复制"方式是指将所选图形复制到其他层中。

② 按操作提示要求用光标选择要改变图层的若干个实体,然后右击确认。确认后,系统弹出"层控制"对话框,如图 3-33 所示。

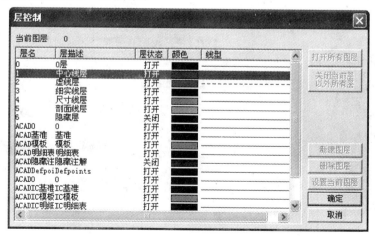

图 3-33 "层控制"对话框

 从 AutoCAD 到 CAXA 电子图板

③ 在"层控制"对话框中,用户可根据作图需要,选择所需的图层,完成后单击"确定"按钮。这时在屏幕上被拾取的实体按新选定图层上的线型和颜色显示出来。

注 意 与改变线型、改变颜色的操作一样,本命令的操作只把拾取的实体放入选中的图层,而不改变当前的系统状态,即状态显示不变。

3.3 鼠标右键操作功能中的图形编辑

CAXA 电子图板和 AutoCAD 都为用户提供了面向对象的右键直接操作功能。CAXA 电子图板中快捷菜单比较简捷,可直接对图形元素进行属性查询、属性修改、平移/拷贝、旋转、镜像、部分存储和输出 DXF 等。

1. 曲线编辑

对拾取的曲线进行"删除"、"平移/拷贝"、"旋转"、"镜像"、"阵列"及"比例缩放"等操作。

单击拾取绘图区的一个或多个图形元素,被拾取的图形元素用亮红色显示,随后右击,弹出一个如图 3-34 所示的快捷菜单,在工具条中可单击相应的按钮,操作方法和结果与前面介绍的一样。这个设计是为了使用户能方便、快捷地进行操作。

2. 属性修改

使用户能方便、快捷地对实体进行属性修改。

在系统"选择命令"状态下,单击拾取绘图区的一个或多个图形元素,被拾取的图形元素用亮红色显示。随后右击,弹出快捷菜单,在工具条中单击"属性修改"选项,弹出如图 3-35 所示的"属性修改"对话框。

图 3-34 快捷菜单

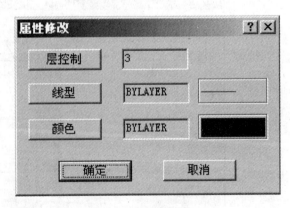

图 3-35 "属性修改"对话框

第3章 编辑工具

用户可分别单击"层控制"、"线型"、"颜色"按钮进行属性修改,单击按钮后会弹出相应的对话框,余下的操作方法同"图形编辑"中改变颜色、改变线型、改变层的操作一样,全部修改完成后,单击"确定"按钮即可完成操作。

3.4 图形编辑

1. 取消操作与重复操作

取消操作与重复操作是相互关联的一对命令,是用户在绘制图形过程中经常用到的命令,所以将它们放在一节中进行叙述。

(1) 取消操作

取消操作用于取消最近一次命令操作。

操作步骤

选择"编辑"|"取消操作"菜单项,或单击"标准"工具条中的"取消操作"工具按钮即可执行本命令。它用于取消最近发生的一次编辑操作。

(2) 重复操作

重复操作是取消操作的逆过程。只有与取消操作相配合使用才有效。

操作步骤

选择"编辑"|"重复操作"菜单项,或单击"标准"工具条中"重复操作"工具按钮,都可以执行重复操作命令。它用来撤消最近一次的取消操作,即把取消操作恢复。重复操作也具有多级重复功能,能够退回(恢复)到任一次取消操作的状态。

> **注 意** 这里取消操作和重复操作只是对电子图板绘制的图形元素有效,而对OLE对象和幅面的修改不能进行取消和重复操作,因此用户在进行上述操作时应慎重。

2. 图形剪切、图形复制与图形粘贴

图形剪切、图形复制与图形粘贴也是相互关联的命令,使用时应注意它们的相互联系。

(1) 图形复制与图形剪切

将选中的图形存入剪贴板中,以供图形粘贴时使用。

图形复制区别于曲线编辑中的平移复制,它相当于一个临时存储区,可将选中的图形存储,以供粘贴使用。平移复制只能在同一个电子图板文件内进行复制粘贴,而图形复制与图形粘贴配合使用,除了可以在不同的电子图板文件中进行复制粘贴外,还可以将所选图形送入Windows剪贴板,粘贴到其他支持OLE的软件(如WORD)中。

图形剪切与图形复制不论在功能上还是在使用上都十分相似,只是图形复制不删除用户拾取的图形,而图形剪切是在图形复制的基础上再删除掉用户拾取的图形。

操作步骤

选择"编辑"|"图形拷贝"菜单项,或单击"标准"工具条中的"拷贝"按钮 ,然后拾取需要复制的实体,右击确认。接下来根据系统提示输入图形的定位基点。这时,屏幕上看不到什么变化,确认后的实体重新恢复原来颜色显示;但是在剪贴板中已经把拾取的实体临时存储起来,并等待用户发出图形粘贴命令来使用它。

如果单击"图形剪切"菜单项,则输入完定位基点后,用户拾取的图形在屏幕上消失,这部分图形已被存入剪贴板。

(2) 图形粘贴

将剪贴板中存储的图形粘贴到用户指定的位置,也就是将临时存储区中的图形粘贴到当前文件或新打开的其他文件中。

操作步骤

选择"编辑"|"图形粘贴"菜单项,或单击"标准"工具条中的"粘贴"工具按钮,即可执行本命令。执行本命令后,复制操作时用户拾取的图形重新出现,同时系统要求输入插入定位点,且图形随光标的移动而移动。待用户找到合适位置后单击,即可把该图形粘贴到当前图形中。在粘贴过程中用户还可以根据立即菜单和系统提示改变图形在 X、Y 方向的比例和旋转角度。

图形复制与图形粘贴配合使用,可以灵活地对图形进行编辑,尤其是在不同文件之间的图形传递中,使用它们将会非常方便。

3. 拾取删除与删除所有

拾取删除和删除所有都是执行删除实体的操作。一个是删除拾取到的实体,另一个是删除当前所有的实体。下面分别予以介绍。

(1) 拾取删除

删除拾取到的实体。

操作步骤

选择"编辑"|"清除"菜单项,或单击"编辑工具"工具条中的"删除"工具按钮,按操作提示要求拾取想要删除的若干个实体,拾取到的实体呈红色显示状态。待拾取结束后,右击确认,被确认后的实体从当前屏幕中被删除。如果想中断此命令,可按下 Esc 键退出。必须注意:系统只选择符合过滤条件的实体执行删除操作。

(2) 删除所有

将所有已打开图层上符合拾取过滤条件的实体全部删除。

操作步骤

选择"编辑"|"清除所有"菜单项,即可执行此命令。命令执行后,系统弹出一个如图 3-36 所示的对话框。

系统以对话框形式对用户的"删除所有"操作提出警告,若认为所有打开层的实体均已无用,则可单击"确定"按钮,对话框消失,所有实体被删除。若认为某些实体不应删除或本操作有误,则单击"取消"按钮,对话框消失后屏幕上图形保持原样不变。

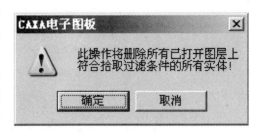

图 3-36 删除所有对话框

3.5 格式刷

使所选择的目标对象依据源对象的属性进行变化。使用该功能也可以对"文字"、"标注"等对象进行修改。

操作步骤

① 选择"修改"|"格式刷"菜单项,或单击"编辑工具"工具条中的"格式刷"工具按钮。

② 选取图中的源对象,再选择目标对象后即可用右键结束"格式刷"命令。效果如图 3-37 所示。

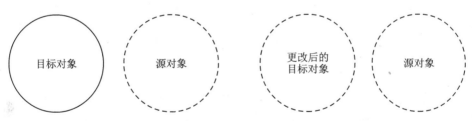

图 3-37 格式刷的使用

3.6 体验实例

图 3-38 所示为一个叉架类零件图,读者在操作时要注意"过渡"、"复制"、"阵列"和"齐边"等编辑命令的使用方法。

操作步骤

① 单击"绘图工具"工具条中的"直线"工具按钮,在立即菜单的"1:"中选择"角度线",在立即菜单的"4:长度="中输入 60,捕捉点(0,0)为直线的起点,将光标移动到起点的上方,

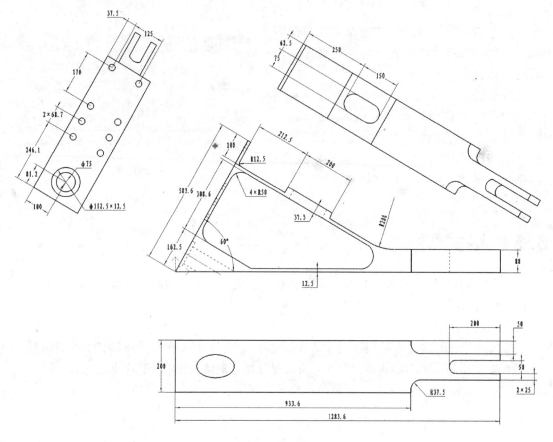

图 3-38 零件图

输入长度 483.6，按 Enter 键。

② 右击，重复使用"直线"命令，在立即菜单的"2:"中选择"直线夹角"，在"4:="中输入 90，拾取步骤①绘制的直线，捕捉该直线的上方端点，向下方移动光标，在适当位置单击，如图 3-39 所示。

③ 右击，重复使用"直线"命令，在立即菜单的"1:"中选择"两点线"，在立即菜单的"3:"中选择"正交"，捕捉点(0,0)，将光标移动到起点的右侧，输入长度 1283.6，按 Enter 键，将光标移动到第二点的上方输入 88，将光标向第三点的左侧移动，在适当位置单击，使其水平直线与步骤②绘制的角度线相交。结果如图 3-40 所示。

④ 单击"编辑工具"工具条中的"裁剪"工具按钮 ，拾取需要裁剪的直线，如图 3-41 所示。

⑤ 单击"绘图工具"工具条中的"等距线"工具按钮 ，在立即菜单的"1:"中选择"链拾取"，在立即菜单的"5:距离"中输入 12.5，拾取直线，在其内部单击，如图 3-42 所示。

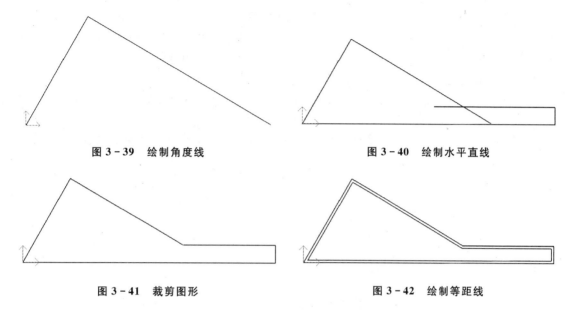

图 3-39 绘制角度线　　　　　　图 3-40 绘制水平直线

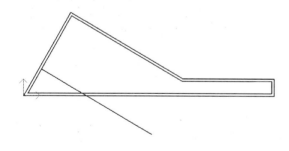
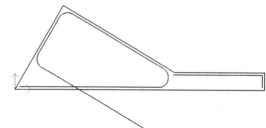

图 3-41 裁剪图形　　　　　　　图 3-42 绘制等距线

⑥ 单击"绘图工具"工具条中的"平行线"工具按钮，拾取直线 a，将光标移动到拾取直线的下方，输入距离 308.6，按 Enter 键。结果如图 3-43 所示。

⑦ 单击"编辑工具"工具条中的"过渡"工具按钮，在立即菜单的"3:半径"中输入 50，捕捉需要修改圆角的两条边，如图 3-44 所示。

图 3-43 绘制平行线　　　　　　图 3-44 修改圆角

⑧ 使用"裁剪"以及"删除"命令修改图形，如图 3-45 所示。

⑨ 单击"属性工具"工具条中图层的下三角按钮，选择"虚线层"为当前图层。

⑩ 单击"绘图工具 Ⅱ"工具条中的"孔/轴"工具按钮，在立即菜单的"4:中心线角

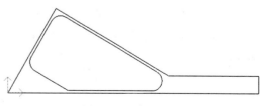

图 3-45 修改图形

度"中输入-30,按 F4 键,捕捉交点 a,输入起点的相对坐标((@81.2,60),在立即菜单的"2:起始直径"中输入第一段轴的起始直径 112.5,输入长度 12.5;在立即菜单的"2:起始直径"中输入第二段轴的起始直径 75,移动光标在适当位置单击,如图 3-46 所示。

⑪ 将当前图层切换为"0 层",右击重复使用"孔/轴"命令,在立即菜单的"4:中心线角度"中输入 60,按 F4 键,捕捉交点 b,输入起点的相对坐标(@325,-30),在立即菜单的"2:起始直径"中输入 200,移动光标起点的上方,输入长度 25;将当前图层切换为"虚线层",在立即菜单的"2:起始直径"中输入 150,将光标移动起点的下方,输入长度 37.5。结果如图 3-47 所示。

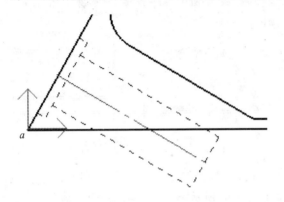

图 3-46 绘制轴图形

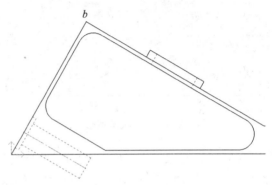

图 3-47 绘制轴图形

⑫ 单击"绘图工具"工具条中的"等距线"工具按钮,在立即菜单的"1:"中选择"单个拾取",在"5:距离"中输入 200;拾取直线 a,并在其左侧单击,将当前图层设置为"0 层",在"5:距离"中输入 350;拾取直线 a,在其左侧单击。结果如图 3-48 所示。

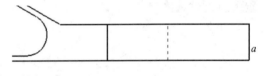

图 3-48 绘制等距线

⑬ 将当前图层切换为"虚线层",单击"绘图工具Ⅱ"工具条中的"孔/轴"工具按钮,在立即菜单的"1:"中选择"孔",在立即菜单的"4:中心线角度"中输入-30,按 F4 键,捕捉交点 a,输入起点的相对坐标(@246.1,60),在立即菜单的"2:起始直径"中输入 25.7,拾取直线 b,如图 3-49 所示。

⑭ 单击"编辑工具"工具条中的"拷贝"工具按钮,在立即菜单的"6:份数"中输入 2,拾取步骤⑬绘制的孔图形,捕捉孔中心线交点 a 为第一点,输入第二点的相对坐标(@68.7,60),右击结束命令。结果如图 3-50 所示。

⑮ 将当前图层切换为"0 层",单击"绘图工具"工具条中的"矩形"工具按钮,在立即菜单的"1:"中选择"长度和宽度",在"2:"中选择"左上角点定位",在"3:角度"中输入 60,在"4:长度"中输入 100,在"5:宽度"中输入 12.5,捕捉交点 a,如图 3-51 所示。

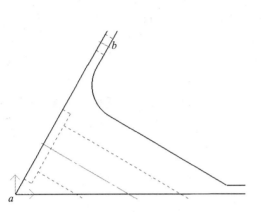

图 3-49　绘制轴图形　　　　　　　图 3-50　复制孔图形

⑯ 单击"编辑工具"工具条中"拷贝"工具按钮，拾取孔图形，捕捉中心线交点 b 为基准点，输入第二点的相对坐标（@170,60），右击结束命令。结果如图 3-52 所示。

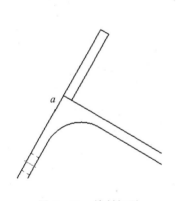
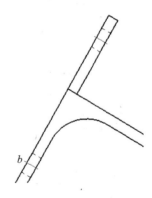

图 3-51　绘制矩形　　　　　　　　图 3-52　复制图形

⑰ 使用"裁剪"以及"过渡"命令修改图形，如图 3-53 所示。

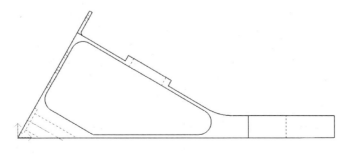

图 3-53　修剪图形

⑱ 单击"绘图工具Ⅱ"工具条中的"孔/轴"工具按钮⊕,利用"导航"捕捉确定俯视图的起点,在立即菜单的"2:起始直径"中输入第一段轴的起始直径200,将光标移动到起点的右侧,输入长度933.6;在立即菜单的"2:起始直径"中输入第二段轴的直径100,将光标移动到起点的右侧,输入长度350;在立即菜单的"2:起始直径"中输入第三段轴的直径50,将光标移动到起点的左侧,输入长度200,如图3-54所示。

⑲ 单击"绘图工具"工具条中的"直线"工具按钮╱,绘制如图3-55所示的两条垂线。

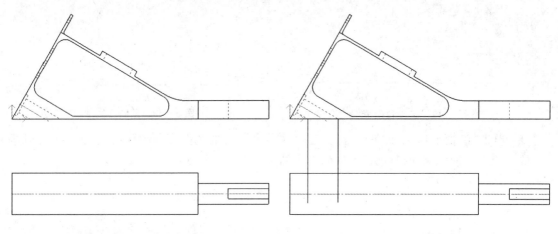

图3-54 绘制轴图形　　　　　图3-55 绘制直线

⑳ 单击"绘图工具"工具条中的"椭圆"工具按钮⊙,在立即菜单的"1:"中选择"轴线两点",捕捉交点a和交点b确定椭圆的长轴,在适当位置单击确定椭圆的短轴,如图3-56所示。

㉑ 将步骤⑲绘制的直线删除。

㉒ 单击"编辑工具"工具条中的"过渡"工具按钮,在立即菜单的"3:半径"中输入圆角的半径,拾取修改圆角的两条边。

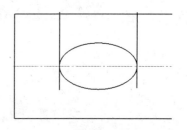

图3-56 绘制椭圆

㉓ 将图形中多余的图元删除。结果如图3-57所示。

图3-57 绘制圆角并修改图形

㉔ 单击"设置工具"工具条中的"捕捉点设置"工具按钮,系统弹出"屏幕点设置"对话框,在"导航角度设置"区域中选择60,单击"确定"按钮,如图3-58所示。

㉕ 单击"绘图工具"工具条中的"直线"工具按钮，在立即菜单的"2:"中选择单个，捕捉端点，利用"导航"绘制图3-59所示的图形。

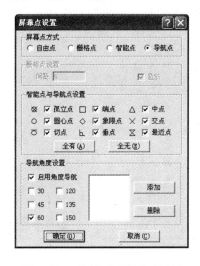

图3-58 "屏幕点设置"对话框

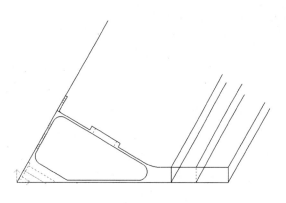

图3-59 绘制直线

㉖ 单击"绘图工具Ⅱ"工具条中的"孔/轴"工具按钮，在立即菜单的"3:中心线角度"中输入-30，利用"导航"捕捉起点 a，在立即菜单的"2:起始直径"中输入第一段轴的起始直径200，将光标移动到起点的右侧，输入长度12.5；分别输入第二段轴的长度212.5，第三段轴的长度200，捕捉 a、b 两点；在立即菜单的"2:起始直径"中输入直径100，捕捉 c、d 两点；在立即菜单的"2:起始直径"中输入50，捕捉 e、f 两点，右击结束命令。结果如图3-60所示。

㉗ 单击"绘图工具"工具条中的"中心线"工具按钮，拾取直线 a 和 b，如图3-61所示。

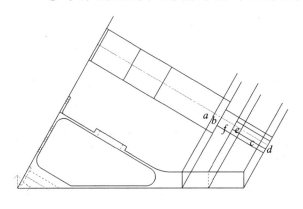

图3-60 绘制轴图形

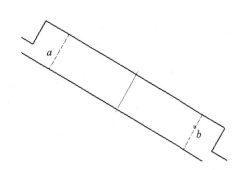

图3-61 绘制中心线

㉘ 单击步骤㉗绘制的中心线,拾取中心线上方端点,移动光标拉伸中心线,在上方适当位置单击,如图3-62所示。

㉙ 单击"绘图工具"工具条中的"矩形"工具按钮▭,在立即菜单的"1:"中选择"长度和宽度",在"3:角度"中输入-30,在"4:长度"中输入150,在"5:宽度"中输入75,捕捉交点 a,如图3-63所示。

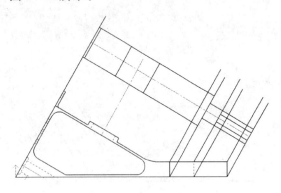

图3-62 拉伸中心线

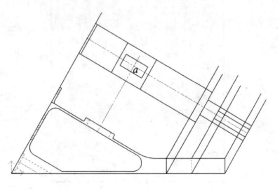

图3-63 绘制矩形

㉚ 将步骤㉕绘制的直线以及步骤㉗绘制的中心线删除。

㉛ 单击"编辑工具"工具条中的"过渡"工具按钮,在立即菜单的"2:"中选择"裁剪始边",在"3:半径"中输入37.5,拾取矩形的长,再拾取矩形的宽,修改矩形的四个圆角,修改后将矩形的两个宽删除,如图3-64所示。

㉜ 单击"编辑工具"工具条中的"齐边"工具按钮,先拾取直线 a 为剪刀线,再拾取直线 b 和 c,如图3-65所示。

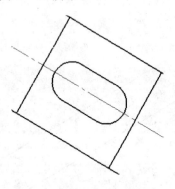

图3-64 修改圆角

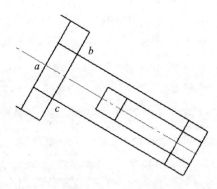

图3-65 延伸直线

㉝ 使用"过渡"命令修改圆角,如图3-66所示。
㉞ 单击"绘图工具"工具条中的"圆弧"工具按钮,绘制适当的圆弧,如图3-66所示。
㉟ 使用"裁剪"以及"删除"命令修改图形,如图3-67所示。

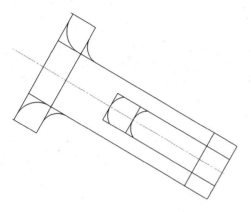

图3-66 绘制圆角以及圆弧　　　　　图3-67 修改图形

㊱ 单击"绘图工具"工具条中的"直线"工具按钮,在立即菜单的"1:"中选择"角度线",在"4:角度"中输入150。捕捉交点 a 和交点 b 绘制两条适当的直线,如图3-68所示。

㊲ 单击"绘图工具Ⅱ"工具条中的"孔/轴"工具按钮,在立即菜单的"3:"中输入60,按 F4键,捕捉点(0,0),输入相对坐标(@550,150);在"2:起始直径"中输入第一段轴的起始直径 200,输入长度583.6,输入第二段轴的起始直径100,捕捉交点 a,输入第三段轴的起始直径 50,捕捉交点 b,如图3-69所示。

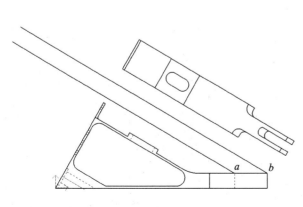
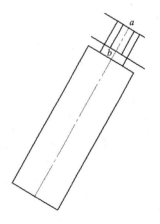

图3-68 绘制直线　　　　　　　　　图3-69 绘制轴图形

㊳ 使用"删除"及"裁剪"命令修改图形,如图 3-70 所示。

㊴ 单击"绘图工具"工具条中的"圆"工具按钮⊕,单击 F4 键,拾取交点 a 为参考点,输入相对坐标(@81.2<60),输入直径 112.5,按 Enter 键;再输入另一个圆的直径 75,按 Enter 键。右击结束命令,如图 3-71 所示。

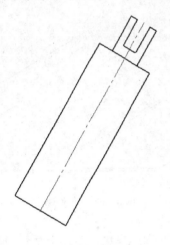

图 3-70 裁剪图形

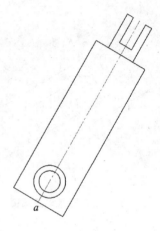

图 3-71 绘制圆

㊵ 单击"绘图工具"工具条中的"等距线"工具按钮,在立即菜单的"2:"中选择"距离",在"5:距离"中输入 37.5,拾取直线 a,在其左侧单击,如图 3-72 绘制等距线。

㊶ 使用"圆"命令,使用步骤㊴中的方法绘制一个直径为 25.7 的圆,如图 3-73 所示。

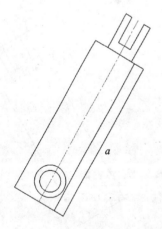

图 3-72 绘制等距线

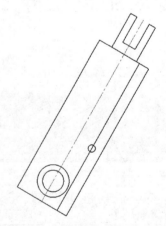

图 3-73 绘制圆

㊷ 单击"编辑工具"工具条中的"阵列"工具按钮🔳，在立即菜单的"1:"中选择"矩形阵列"，在"2:行数"中输入2，在"3:行间距"中输入125，在"4:列数"中输入3，在"5:列间距"中输入68.7，在"6:旋转角"中输入60，拾取步骤㊶绘制的圆，如图3-74所示。

㊸ 单击"编辑工具"工具条中的"拷贝"工具按钮🔳，拾取最上方的两个圆，捕捉其中一个圆心为第一点，输入第二点的相对坐标(@170,60)，如图3-75所示。

㊹ 使用"圆弧"命令绘制一个适当的圆弧，再使用"删除"命令将多余的圆弧删除，如图3-76所示。

㊺ 使用"中心线"命令绘制各视图的中心线。

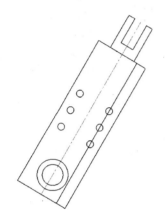

图3-74 阵列复制图形

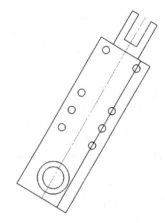

图3-75 复制圆

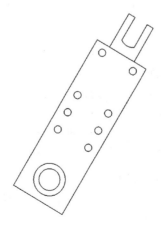

图3-76 绘制圆弧

第 4 章　块与图库

AutoCAD 的图块可以在当前图中使用,也可存为文件块在其他图中调用;而 CAXA 电子图板中的图块仅仅是将多个对象组合为一个实体,为方便移动、旋转、复制和镜像等编辑命令的执行,无任何其他作用。块的属性虽然有属性名、属性列表,但是没有什么实用价值,与 AutoCAD的属性块的功能截然不同,不像 AutoCAD 那样可动态改变其插入的属性块。

然而,在 CAXA 电子图板中取而代之的是为用户提供了一个具有多种标准件的参数化构件图库。该图库是 CAXA 电子图板的主要特色之一,为机械工程图的绘制提供了极大的方便。它包括常用的机械零件、密封件、管件、机床夹具以及电机和电气符号、液压气动符号、农机符号等。另外,用户还可以自定义图符,方便快捷地建立自己的图库。

CAXA 电子图板根据机械图的特点,还设立了构件库,提供了 6 种止锁孔、退刀槽结构,只要输入槽的宽度和深度就可方便地在构件上产生所需的结构。

此外,CAXA 电子图板还设立了技术要求,根据需要在其中可以选择一般要求、热处理要求、公差要求和装配要求等。用户选择这些技术要求后可以直接使用,也可以根据自己的需要修改和编辑,十分快捷方便。

4.1　块操作

1. 块生成

块是复合形式的图形实体,生成的块位于当前层,对它可实施各种图形编辑操作,块的定义可以嵌套,即一个块可以是构成另一个块的元素。

操作步骤

① 选择"绘图"|"块操作"|"生成块"菜单项,或单击"块操作"工具条中的"块生成"工具按钮。

② 根据屏幕提示,拾取构成块的元素,当拾取完成后,右击确认结束。

③ 根据屏幕提示,输入块的基准点。基准点也就是块的基点,主要用于块的拖动定位。

④ 基准点输入完成后,块也就生成了。

⑤ 用户也可以先拾取实体,然后右击激活快捷菜单,在菜单中选择"块生成"选项,根据提示输入块的基准点,这样也可以生成块。

2. 块打散

块打散是将块分解为组成块的各成员实体,它是块生成的逆过程。如果块生成是逐级嵌套的,那么块打散也是逐级打散。块打散后,其各成员彼此独立,并归属于原图层。

操作步骤

① 选择"修改"|"打散"菜单项,或在"编辑工具"工具条中单击"打散"工具按钮 。

② 根据屏幕提示,用户可单击拾取块,右击确认结束,块即被打散。

3. 块属性

块属性是为指定的块添加属性。属性是与块相关联的非图形信息,并与块一起存储。

块的属性由一系列属性表项及相对应的属性值组成,属性表项的内容可由"块属性表"命令设定,它指明了块具有哪些属性;"块属性"命令是为块的属性赋值,或者修改和查询各属性值。

操作步骤

① 选择"绘图"|"块操作"|"块属性"菜单项,或单击"块操作"工具条中的"设置块属性"工具按钮 。

② 按系统提示拾取块后,弹出"填写块属性内容"对话框,如图4-1所示,在对话框中,CAXA电子图板预先设定一些属性名,如"名称"、"重量"、"体积"、"规格"等。这些属性名可通过"块属性表"命令进行修改与设定。

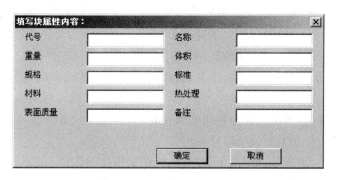

图4-1 "填写块属性内容"对话框

③ 每个属性名对应着一个文本框,用户可在文本框中对各个属性进行赋值或修改。

④ 完成后按"确定"按钮,系统接受用户的赋值或修改。

4. 块属性表

设定当前属性表的表项,设定后,在调用"块属性表"命令时,可弹出具有相应表项的"块属性表"对话框,即可对当前属性表进行修改,如"增加属性"和"删除属性"等。对修改后的属性可以存储为属性表文件,供以后调用。也可调入已有的属性表文件,以替代当前的属性表。

操作步骤

① 选择"绘图"|"块操作"|"块属性表"菜单项,或者在弹出的"块操作"工具条中单击"定义块属性表"工具按钮。

② 弹出如图4-2所示的"块属性表"对话框。对话框的左边为属性名称列表框,框中列出了当前属性表的所有属性的名称,右侧为一组按钮,可实现对属性表的操作。

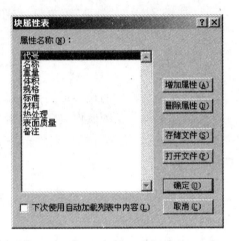

图4-2 "块属性表"对话框

③ 对该对话框可实施以下操作:

修改属性名 单击或通过上、下方向键在属性名称列表框中选择要修改的属性名,然后双击该属性,则可进入编辑状态,实现对属性名的修改。

"增加属性" 若用户想在哪个属性前加入新的属性,则可用光标或上、下方向键在属性名称列表框中选定该属性,然后单击"增加属性"按钮或者按 Insert(或 Ins)键,即可在列表中插入一个名为"新项目"的新属性,按照上面介绍的方法将属性名改为实际的属性名称即可完成"增加属性"操作。

"删除属性" 用光标或上、下方向键在属性名称列表框中选定该属性,然后单击"删除属性"按钮或者按 Delete(或 Del)键即可删除该属性。

"存储文件" 用户可将自定义的属性表存盘,以备后用。单击"存储文件"按钮后弹出"存储块属性文件"对话框,请用户输入文件名,属性表文件后缀为.ATT。

用户还可以调入自己编辑的属性文件。单击"打开文件"按钮后,在弹出的对话框中选择所需的块属性文件后,可调出文件中存储的属性表,取代当前的属性表。

用户可以选择是否在下次使用时自动加载列表中的内容。

完成以上操作后,单击"确定"按钮,可使系统接受用户的操作。

5. 块消隐

CAXA电子图板提供了二维自动消隐功能,给用户作图带来方便。特别是在绘制装配图过程中,当零件的位置发生重叠时,此功能的优势更加突出。本节介绍其基本操作。

利用具有封闭外轮廓的块图形作为前景图区,自动擦除该区内其他图形,实现二维消隐,对已消隐的区域也可以取消消隐,被自动擦除的图形又被恢复,显示在屏幕上。

如果用户拾取不具有封闭外轮廓的块图形,则系统不执行消隐操作。

图 4-3 中螺栓和螺母分别被定义成两个块,当它们配合到一起时必然会产生块消隐的问题。图(a)中选取螺母为前景实体,螺栓中与其重叠的部分被消隐。当选取螺栓时,螺栓变为前景实体,螺母的相应部分被消隐,如图 4-3(b)所示。

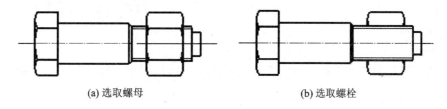

(a) 选取螺母　　　　　　　　　　(b) 选取螺栓

图 4-3　块消隐操作

操作步骤

① 用户可以拾取图形中的块作为前景零件,拾取一个,消隐一个,可连续操作,右击或按 Esc 键退出命令。

② 立即菜单默认项为"消隐",即对拾取的块进行消隐操作,用户也可以按 Alt+1 键切换为"取消消隐"。

③ 若几个块之间相互重叠,则用户拾取哪一个块,该块被自动设为前景图形区,与之重叠的图形被消隐。

4.2　库操作

CAXA 电子图板为用户提供了多种标准件的参数化图库,用户可以按规格尺寸选用各标准件,也可以输入非标准的尺寸,使标准件和非标准件有机地结合在一起。

CAXA 电子图板还为用户提供了包括电气元件、液压气动符号在内的固定图形库,可以满足用户多方面的绘图要求。

CAXA 电子图板为用户提供建立用户自定义的参量图符或固定图符的工具,使用户可以方便快捷地建立自己的图形库。

CAXA 电子图板为用户提供了对图库的编辑和管理功能。此外,对于已经插入图中的参量图符,还可以通过"驱动图符"功能修改其尺寸规格。

图库的基本组成单位称为图符,图符按是否参数化分为参数化图符和固定图符;图符可以由一个视图或多个视图(不超过六个视图)组成。图符的每个视图在提取出来时可以定义为块,因此在调用时可以进行块消隐。利用图库及块操作,为用户绘制零件图、装配图等工程图纸提供了极大的方便。

用户在使用图库操作的过程中,除了书中介绍的内容以外,还可以参考联机帮助中的相关内容。

1. 图符的提取

(1) 参数化图符的提取

将已存在的参数化图符从图库中提取出来,并设置一组参数值,经预处理后用于当前绘图。

操作步骤

① 单击"绘图工具"工具条中的"提取图符"工具按钮,弹出"提取图符"对话框,如图4-4所示。

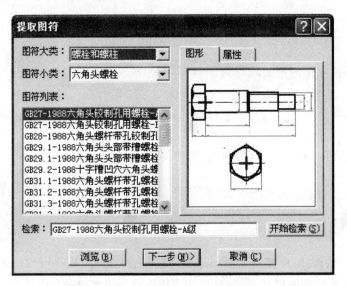

图4-4 "提取图符"对话框

"提取图符"对话框

对话框左半部为图符选择部分。系统将图符分为若干大类,其中每一大类中又包含若干小类,用户还可以创建自己的类。在图符列表框中,列出了当前小类中的所有图符名称。在"图符大类"下拉列表中选择需要的大类,在"图符小类"下拉列表框中选择需要的小类。

对话框的右侧为预览框,包括"属性"和"图形"两个选项卡,可对用户选择的当前图符属性和图形进行预览。在图形预览时各视图基点用高亮度十字标出。右击可放大图符,图4-5所示分别为放大前后的图形。如需要图符恢复原来大小,同时按下左键和右键即可。

对话框下部为"检索"文本框,用户可通过图符名称来检索图符。检索时用户不必输入图符完整的名称,只需输入图符名称的一部分,系统就会自动检索到符合条件的图符。此外,图库检索增加了模糊搜索功能,在检索条中输入检索对象的名称或型号,图符列表中列出有关输入内容的所有图符。

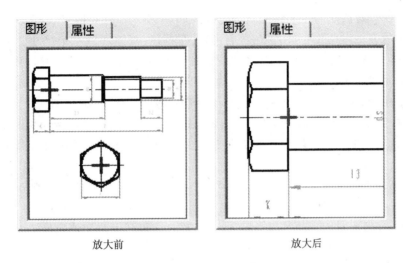

放大前　　　　　　　　　　　放大后

图 4-5　放大预览图形

② 选定图符后,单击"浏览"按钮就可进入"图符浏览"对话框,如图 4-6 所示。在该对话框中,可根据需要选择图符。

③ 选定图符后,单击"下一步"按钮就可进入"图符预处理"对话框,如图 4-7 所示。在"图符预处理"对话框中,可对所选定的图符进行处理。

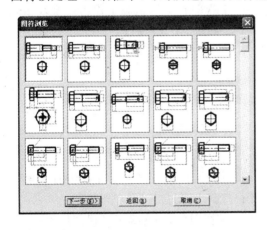

图 4-6　"图符浏览"对话框

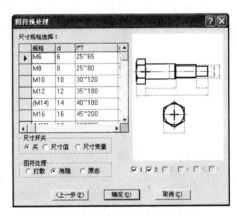

图 4-7　"图符预处理"对话框

"图符预处理"对话框

图符预览区　　对话框的右半部是图符预览区,下面排列有 6 个视图控制开关,单击便可打开或关闭任意一个视图,被关闭的视图将不被提取出来。这里虽然有 6 个视图控制开关,但图符不一定都具有 6 个视图,一般的图符用 2～3 个视图就足够了。

从 AutoCAD 到 CAXA 电子图板

图符处理区 对话框的左半部是图符处理区,第一项是尺寸规格选取,它以电子表格的形式出现。表格的表头为尺寸变量名,在右侧预览区内可直观地看到每个尺寸变量名的具体位置和含义。利用光标和键盘可以对表格中的任意单元格中的内容进行编辑,用 F2 键也可直接进入当前单元格的编辑状态。

这里值得注意的是,尺寸变量名后若带有"＊"号,说明该变量为系列变量,它所对应的列中,各单元格中只给出了一个范围,如"10～40",用户必须从中选取一个具体值。操作方法是单击相应单元格,该单元格右端出现一个下三角按钮,单击该按钮后,将列出当前范围内的所有系列值,单击所需的数值后,在原单元格内显示出用户选定的值。若列表框中没有用户所需的值,用户还可以直接在单元格内输入新的数值。若变量名后带有"？"号,则表示该变量可以设定为动态变量。动态变量是指尺寸值不限定,当某一变量设定为动态变量时,则它不再受给定数据的约束,在提取时用户通过键盘键入新值或拖动,可任意改变该变量的大小。操作方法很简单,只需右击相应单元格即可。单击后,在数值后标有"？"号。

数据输入完毕后,该数据行最左边一列的灰色小方格▶变为♪。单击它,此时该行数据变为蓝色,表示已选中这行数据。请用户注意,在单击"确定"按钮以前,应先选择一行数据,否则系统将按当前行的数据(如果有系列值,则取最小值)提取图符。

"尺寸开关" 控制图形提取后的尺寸标注情况,可单击,其中"关"表示提取后不标注任何尺寸;"尺寸值"表示提取后标注实际尺寸;"尺寸变量"表示只标注尺寸变量名,而不标注实际尺寸。

"图符处理" 控制图符的输出形式,图符的每一个视图在默认情况下作为一个块插入。"打散"是指将块打散,也就是将每一个视图打散成相互独立的元素;"消隐"是指允许图符提取后可消隐(具体内容可参阅第 3 章"编辑工具"中的有关章节);"原态"是指图符提取后,保持原有状态不变,不被打散,也不消隐。

④ 若对所选的图符不满意,可单击"上一步"按钮,返回到提取图符操作,更换提取其他图符;若已设定完成,可单击"确定"按钮,则系统重新返回到绘图状态,此时可以看到图符已"挂"在了十字光标上。

⑤ 根据系统提示,用户可用光标指定或从键盘输入图符定位点,定位点确定后,图符只转动而不移动。根据系统提示,用户可通过键盘输入图符旋转角度;若接受系统默认的 0°角(即不旋转),直接右击即可;用户还可以通过光标旋转图符到合适的位置后,单击确认。

⑥ 如果设置了动态确定的尺寸且该尺寸包含在当前视图中,则在确定了视图的旋转角度后,状态栏出现提示"请拖动确定 x 的值",其中"x"为尺寸名。此时,该尺寸的值随光标位置的变化而变化,拖动到合适的位置时单击就确定了该尺寸的最终大小,也可以用键盘输入该尺寸的数值。图符中可以含有多个动态尺寸。

⑦ 此时,图符的一个视图提取完成,若图符具有多视图,则十字光标又自动挂上第二个、第三个……打开的视图,当一个图符的所有打开的视图提取完毕以后,系统开始重复提取,十字光标又挂上了第一视图。若用户不需要再提取,可右击确认提取完成。至此,整个参量图符

提取操作全部完成。

（2）固定图符的提取

上面介绍的是参数化图符的提取。在 CAXA 电子图板的图库中大部分图符属于参数化图符，但还有一部分图符属于固定图符，比如电气元件类和液压符号类中的图符均属于固定图符。固定图符的提取比参数化图符的提取要简单得多。

将已存在的固定图符从图库中提取出来，为图符选取合适的横向和纵向比例以用于当前绘图。

操作步骤

① 单击"绘图工具"工具条中"提取图符"工具按钮，弹出"提取图符"对话框，按上述所介绍的方法在对话框中选取所需要的图符。

② 单击"确定"按钮后，屏幕底部弹出"横向放缩倍数"和"纵向放缩倍数"立即菜单，放大倍数的默认值均为 1。如果用户不想使用默认值，可单击相应的立即菜单，在弹出的文本框中输入合适的缩放倍数。

③ 输入完缩放倍数后，按照系统提示，选择定位点，输入完旋转角后，图符的提取也就完成了。

2. 图符的驱动

对已提取出的没有打散的图符进行驱动，即改变已提取出来的图符的尺寸规格、尺寸标注情况和图符输出形式（"打散"、"消隐"、"原态"）。图符驱动实际上是对图符提取的完善处理。

操作步骤

① 选择"绘图"|"库操作"|"驱动图符"菜单项。

② 根据系统提示，单击拾取想要变更的图符。

③ 选定以后，弹出"图符预处理"对话框，这与提取图符的操作一样，可对图符的尺寸规格、尺寸开关以及图符处理等项目进行修改。

④ 修改完单击"确认"按钮后，绘图区内原图符被修改后的图符代替，但图符的定位点和旋转角不改变。至此，图符驱动操作完成。

3. 图符的定义

图符的定义实际上就是用户根据实际需要，建立自己的图库的过程。用户可以利用电子图板提供的工具，建立自己的图形库。

固定图符的定义

将一些常用的图形存入图库。

操作步骤

① 用户应首先在绘图区内绘制出所要定义的图形，注意图形应尽量按照实际的尺寸比例准确绘制。由于是固定图符，不必标注尺寸。

② 图形绘制完成后,选择"绘图"|"库操作"|"定义图符"菜单项。

③ 根据系统提示,输入需定义图符的视图个数(系统默认的视图个数为1),输完后按Enter键确认。

④ 输完视图个数以后,根据系统提示,拾取第一视图的所有元素,可用单个拾取,也可用窗口拾取,拾取后右击确认。

⑤ 此时系统提示用户指定该视图的基点,用户可用光标指定,也可用键盘直接输入。基点是图符提取时的定位基准点,因此用户最好将基准点选在视图的关键点或特殊位置点,如中心点、圆心和端点等。

⑥ 第一视图的所有元素和基准点指定完后,用户可按系统提示指定第二个、第三个……视图的元素和基准点,方法同步骤④和⑤一样。

⑦ 当最后一个视图的元素和基准点输入完后,弹出"图符入库"对话框,如图4-8所示。这里由于是固定图符,因此"上一步"和"数据录入"这两个按钮不能使用。

用户可在"图符大类"和"图符小类"组合框中自己输入一个新的类名,也可以利用组合框为新建图符选择一个所属类,然后在"图符名称"文本框中输入新建图符的名称。

用户单击"属性定义"按钮,弹出"属性录入与编辑"对话框,电子图板默认提供了10个属性。用户可以增加新的属性,也可以删除默认属性或其他已有的属性。当输入焦点在表格中时,按下F2键则当前单元格进入编辑状态且插入符被定位在单元格内文本的最后。要增加新属性时,直接在表格最后左端选择区有星号的行输入即可。将光标定位在任一行,按Insert(或Ins)键,则在该行前面插入一个空行,以供在此位置增加新属性。要删除一行属性时,单击该行左端的选择区以选中该行,再按Delete键。

所有项都填好以后,单击"确定"按钮,可把新建的图符加到图库中。

此时,固定图符的定义操作全部完成,用户再次提取图符时,可以看到新建的图符已出现在相应的类中。

电气元件、字形图符均可以被定义成固定图符,例如把"欢迎使用CAXA电子图板"定义成固定图符,并把它放入到"常用图形"中的"其他图形"类中,将它取名为"欢迎使用"。这样,在提取图符时可以看到,刚定义的图符已出现在图库中,如图4-9所示。

图4-8 "图符入库"对话框

图4-9 将文字固定为定义图符

4. 定义参数化图符

将图符定义成参数化图符,用户在提取时可以对图符的尺寸加以控制,因此它比固定图符使用起来更灵活,应用面也更广,但是定义参数化图符比定义固定图符的操作要复杂一些。

操作步骤

① 用户应先在绘图区内绘制出所要定义的图形,并进行必要的尺寸标注

② 如图 4-10 所示为绘制完成后的螺栓图形,选择"绘图"|"库操作"|"定义图符"菜单项。

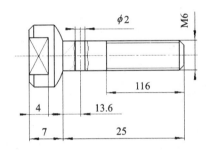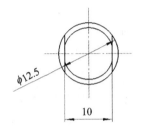

图 4-10 螺栓图形

③ 根据系统提示,输入需定义图符的视图个数(系统默认的视图个数为1),输完后按 Enter 键确认。

④ 输完视图个数以后,根据系统提示,拾取第一视图的所有元素,可用单个拾取,也可用窗口拾取,注意应将有关尺寸拾取上,拾取完后右击确认。

⑤ 根据系统提示用户指定该视图的基点,可用光标拾取,也可用键盘直接输入。

⑥ 为视图中的每一个尺寸设定一个变量名,可用光标依次拾取每个尺寸。当一个尺寸被选中时,该尺寸变为高亮状态显示,用户在弹出的文本框中输入给该尺寸起的名字。尺寸名应与标准中采用的尺寸名或被普遍接受的习惯相一致。输入完变量名并按 Enter 键确认后,该尺寸又恢复原来颜色。用户可继续选择其他尺寸,也可以再次选中已经指定过变量名的尺寸为其指定新名字。该视图的所有尺寸变量名输入完后,右击确认。

⑦ 然后,用户可按系统提示指定第二个、第三个……视图的元素、基准点和尺寸变量名,方法同步骤④~⑥一样。

⑧ 当全部视图都处理完后,屏幕上弹出"元素定义"对话框,如图 4-11 所示。

⑨ 元素定义,也就是对图符参数化,用尺寸变量逐个表示出每个图形元素的表达式,用户可以通过"上一元素"和"下一元素"两个按钮来查询和修改每个元素的定义表达式,也可以直接用光标在预览区中拾取。如果预览区中的图形比较复杂,则可右击图符预览区,预览区中的图形将按比例放大,以方便用户观察和选取,当同时按下鼠标左键和右键时,预览区中的图形

将恢复最初的大小。

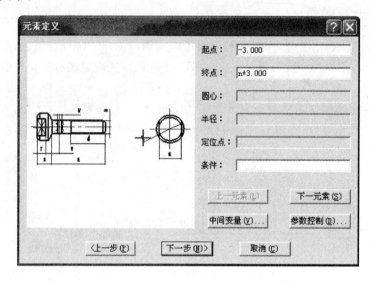

图 4-11 中心线的定义

⑩ 在此对话框中还存在一个"中间变量"按钮，选中它后将弹出"中间变量定义"对话框，如图 4-12 所示。它主要是用来把一个使用频度较高或比较长的表达式用一个变量来表示，以简化表达式，方便建库，提高提取图符时的计算效率。中间变量还有一个用途是定义独立的中间变量。例如有些机械零件（如垫圈）在与其他零件装配时，是按公称值（如公称直径）选择的，这些公称值并不是标注在零件图上的尺寸；在这些情况下，可以把它们定义成独立的中间

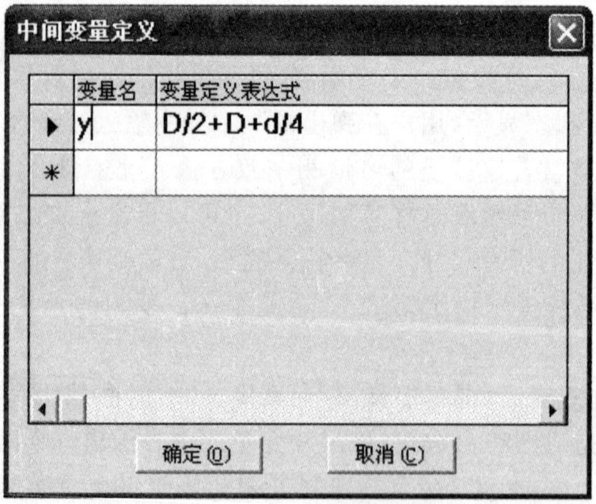

图 4-12 定义中间变量

变量。定义独立中间变量的方法很简单,比如在定义垫圈的公称直径 $D0$ 时,只需在"中间变量定义"对话框中的变量名单元格中输入"D0",在相应的变量定义表达式单元格中什么都不输入即可。在进入下一步变量属性定义时,将会看到 D0 已经出现在变量列表中,在标准数据录入时需要输入相应的数据。在定义图形元素和中间变量时常常要用到一些数学函数,函数的使用格式与 C 语言中的用法相同,所有函数的参数须用括号括起来,且参数本身也可以是表达式。有 sin,cos,tan,asin,acos,atan,sinh,cosh,tanh,sqrt,fabs,ceil,floor,exp,log,log10,sign 共 17 个函数。

⑪ 用户还可以单击"参数控制"按钮,对图符定义的精度进行控制。关于这部分内容将在"5. 图符参数控制"中详细介绍。

⑫ 完成元素定义后,单击"下一步"按钮将弹出"变量属性定义"对话框,如图 4-13 所示。此项可用来定义变量的属性:系列变量和动态变量。系列变量和动态变量的含义前面已介绍过,此处不再赘述。系统默认的变量属性均为"否",即变量既不是系列变量,也不是动态变量。用户可单击相应的单元格,这时单元格中的字变成蓝色,用户可用空格键切换"是"和"否",也可直接从键盘输入"y"或"n"进行切换。变量的序号从 0 开始,决定了在输入标准数据和选择尺寸规格时各个变量的排列顺序,一般应将选择尺寸规格时作为主要依据的尺寸变量的序号指定为 0。"序号"列中已经指定了默认的序号,可以编辑修改。设定完成后单击"下一步"。

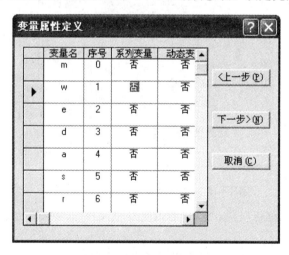

图 4-13 变量属性的定义

⑬ 此时,屏幕上弹出"图符入库"对话框,如图 4-14 所示。用户可在"图符大类"和"图符小类"文本框中为新建图符选择一个所属类,也可以自己输入一个新的类名,然后在"图符名"文本框中输入新建图符的名称。

⑭ 单击"属性定义"按钮,弹出"属性录入与编辑"对话框,在对话框中可以输入图符的属性,这些属性可在提取图符时被预览,而且提取后未被打散的图符记录有属性信息可供查询。

⑮ 单击"数据录入"按钮，进入"标准数据录入与编辑"对话框，如图4-15所示。尺寸变量按"变量属性定义"对话框中指定的顺序排列。

图4-14 "图符入库"对话框

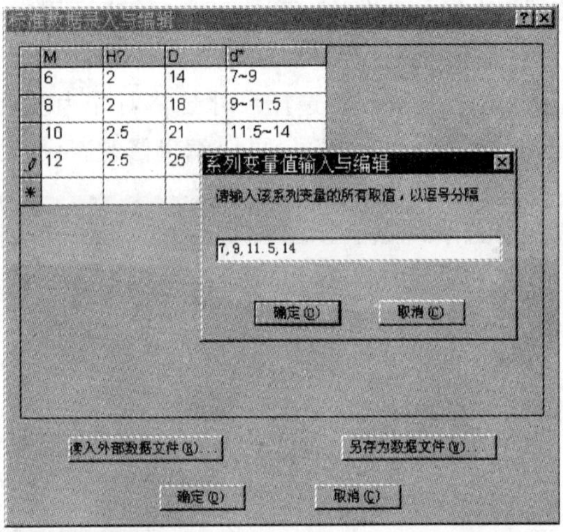

图4-15 "标准数据录入与编辑"对话框

⑯ 当在表格中输入焦点时，按下F2键则当前单元格进入编辑状态且插入符被定位在单元格内文本的最后。

要增加一组新的数据时，直接在表格最后左端选择区有星号的行输入即可。

输入任一行数据的系列尺寸值时，尺寸取值下限和取值上限之间用一个除数字、小数点、字母E以外的字符分隔，例如"8~40"、"16/80"、"25,100"等，但应尽量保持统一，以利美观。

⑰ 在标题行的系列变量名后将有一个星号，单击系列变量名所在的标题框，将弹出"系列变量值输入与编辑"对话框。在该对话框中按由小到大的顺序输入系列变量的所有取值，用逗号分隔，对于标准中建议尽量不采用的数据可以用括号括起来。

第 4 章 块与图库

⑱ 如果某一列的宽度不合适，将光标移动到该列标题的右边缘，水平拖动，就可以改变相应列的宽度；同样，如果行的高度不合适，将光标移动到表格左端任意两个相邻行的选择区交界处，竖直拖动，就可以改变所有行的高度。

该对话框对输入的数据提供了以行为单位的各种编辑功能。

⑲ 将光标定位在任一行，按下 Insert 键则在该行前面插入一个空行，以供在此位置输入新的数据；单击任一行左端的选择区则选中该行，按下 Delete 键可以删除该行。

⑳ 在选择了一行或连续的多行数据（选择多行数据时需要在按下鼠标左键的同时按下 Ctrl 键，其中选择第一行时可以不按下 Ctrl 键）后，可以通过拖放来实现数据的剪切或复制。拖动（复制时要同时按下 Ctrl 键），光标的形状将改变，提示用户当前处于剪切或复制状态。拖动到合适的位置释放，则被选中的数据将被剪切或复制到光标所在行的前面。

㉑ 用户也可以对单个单元格中的数据进行剪切、复制和粘贴操作。单击或双击任一单元格中的数据，使数据处于高亮状态，按下 Ctrl+X 组合键则实现剪切，按下 Ctrl+C 组合键则实现复制，然后将光标定位于要插入数据的单元格，按下 Ctrl+V 组合键，剪切或复制的数据就被粘贴到该单元格。

㉒ 用户可将录入的数据存储为数据文件，以备后用；也可以从外部数据文件中读取数据，但注意读取文件的数据格式应与数据表的格式完全一致。一般外部数据文件的格式为：

数据文件的第一行输入尺寸数据的组数。

从第二行起，每行记录一组尺寸数据，其中标准中建议尽量不采用的值可以用括号括起来。一行中的各个数据之间用若干个空格分隔，一行中的各个数据的排列顺序应与在变量属性定义时指定的顺序相同。

㉓ 在记录完各组尺寸数据后，如果有系列尺寸，则在新的一行里按由小到大的顺序输入系列尺寸的所有取值，同样标准中建议尽量不采用的值可以用括号括起来。各数值之间用逗号分隔。一个系列尺寸的所有取值应输入到同一行，不能分成多行。

㉔ 如果图符的系列尺寸不止一个，则各行系列尺寸数值的先后顺序也应与将在变量属性定义时指定的顺序相对应。

㉕ 所有项都填好以后，单击"确定"按钮，可把新建的图符加到图库中。

此时，参数化图符的定义操作全部完成，用户再次提取图符时，可以看到新建的图符已出现在相应的类中。

5. 图符参数控制

此功能作用范围只在参数化图符定义过程中。它允许用户自己给定图符定义过程中的精度，处理图符定义过程中自动捕捉精度范围，使建库工作更加灵活方便。

在"元素定义"对话框（见图 4-11）中单击"参数控制"按钮，则会弹出"定义图符参数控制"对话框，如图 4-16 所示。

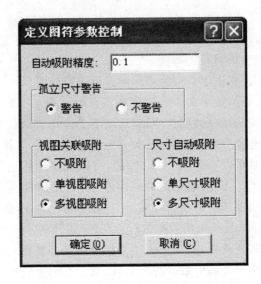

图4-16 "定义图符参数控制"对话框

"自动吸附精度" 决定电子图板根据已定义的图形元素来更新未定义图形元素的默认定义时进行匹配的敏感程度。数值越小,匹配越严格。例如直线 $L1$ 的端点 $P1$ 和直线 $L2$ 的端点 $P2$,两点距离小于精度值,则修改 $P1$ 点的参量定义,$P2$ 点会同时被更新(若 $P2$ 点未进行参量定义)。若尺寸的一个引出点与 $P1$ 的距离小于精度值,则该引出点也会被同时更新(当尺寸吸附有效时)。

"孤立尺寸警告" 指那些不附着于端点、圆心点、圆的象限点、弧的起终点、块定位点及孤立点上的尺寸。这种尺寸随图符提取出来后有可能出现和图形元素脱节,此开关打开后,在进行尺寸变量命名时,若尺寸为孤立尺寸,系统会弹出警告框,提示用户。

在定义图符时应避免孤立尺寸的出现,线性尺寸的引出点应在线的端点、圆心点、圆的象限点、弧的起终点、块定位点及孤立点上。如无法通过捕捉上述点进行标注时,则需要做辅助孤立点。

"视图关联吸附" 此功能主要控制视图关联的作用范围。它包括:
"不吸附" 系统不进行图形元素定义表达式的自动匹配。
"单视图吸附" 系统只在当前视图范围内进行图形元素定义表达式的自动匹配。
"多视图吸附" 系统对所有视图进行图形元素定义表达式的自动匹配。
"尺寸自动吸附" 包括:
"不吸附" 尺寸的引出点不随被标注图形元素的移动而移动。
"单尺寸吸附" 系统只对单个受影响的尺寸引出点进行更新。
"多尺寸吸附" 系统对所有受影响的尺寸引出点进行更新。

4.3 图库的管理

CAXA 电子图板的图库是一个面向用户的开放图库,用户不仅可以提取图符、定义图符,还可以通过软件提供的图库管理工具对图库进行管理。

选择"绘图"|"库操作"|"图库管理"菜单项,弹出"图库管理"对话框,如图 4-17 所示。

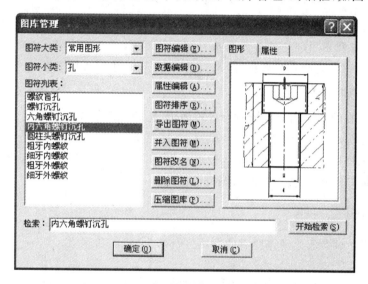

图 4-17 "图库管理"对话框

这个对话框与前面提取图符过程中遇到的"提取图符"对话框非常相似。其中左侧的图符选择、右侧的预览和下部的图符检索的使用方法相同,只是在中间安排了 9 个操作按钮,通过这 9 个按钮,可实现图库管理的全部功能。

1. 图符编辑

"图符编辑" 实际上是图符的再定义,用户可以对图库中原有的图符进行全面修改,也可以利用图库中现有的图符进行修改、部分删除、添加或重新组合,定义成相类似的新图符。

操作步骤

① 在如图 4-17 所示的"图库管理"对话框中选择要编辑的图符名称,可通过右侧预览框对图符进行预览,具体方法与提取图符时一样。

② 单击"图符编辑"按钮,将弹出如图 4-18 所示的对话框。如果只是修改参量图符中图形元素的定义或尺寸变量的属性,可以选择第一项,则"图库管理"对话框被关闭,进入元素定义,开始对图符的定义进行

图 4-18 图符编辑

从 AutoCAD 到 CAXA 电子图板

编辑修改。

③ 如果需要对图符的图形、基点、尺寸或尺寸名进行编辑，可以选择第二项，同样"图库管理"对话框被关闭。由于电子图板要把该图符插入绘图区以供编辑，因此如果当前打开的文件尚未存盘，将提示用户保存文件。如果文件已保存则关闭文件并清除屏幕显示。图符的各个视图显示在绘图区，此时可对图形进行编辑修改。由于该图符仍保留原来定义过的信息，因此编辑时只需对要变动的地方进行修改。

> **注　意**　这里与图库提取有所不同的是，在屏幕上显示的是图符的全部视图及尺寸变量，且各视图内部均被打散为互不相关的元素，各元素的定义表达式、各尺寸变量的属性（即是否系列变量、动态变量）及全部尺寸数值均保留，这样可以大大减少用户的重复劳动。

④ 用户可以在绘图区内对图形进行各种编辑，比如可以添加或删除曲线、尺寸等。
⑤ 用户修改完成后，对修改过的图符进行重新定义。
⑥ 在图符入库时如果输入了一个与原来不同的名字，就定义了一个新的图符；如果使用原来的图符类别和名称，则实现对原来图符的修改。

2. 数据编辑

"数据编辑"　对参数化图符原有的数据进行修改、添加和删除。

操作步骤

① 在"图库管理"对话框中选择要进行数据编辑的图符名称，可通过右侧预览框对图符进行预览，具体方法与提取图符时一样。
② 单击"数据编辑"按钮，弹出"标准数据录入与编辑"对话框。
③ 在对话框中可以对数据进行修改，操作方法同定义图符时的数据录入操作一样。
④ 修改结束后单击"确定"按钮，可返回"图库管理"对话框，进行其他图库管理操作。全部操作完成后，单击"确定"按钮，结束图库管理操作。

3. 属性编辑

"属性编辑"　对图符原有的属性进行修改、添加和删除。

操作步骤

① 在"图库管理"对话框中选择要进行属性编辑的图符名称，可通过右侧预览框对图符进行预览。
② 单击"属性编辑"按钮，弹出"属性录入与编辑"对话框。
③ 在对话框中可以对属性进行修改，操作方法同定义图符时的属性编辑操作一样，用户可参考相应部分。

④ 修改结束后单击"确定"按钮,可返回"图库管理"对话框,进行其他图库管理操作。全部操作完成后,单击"确定"按钮,结束图库管理操作。

4. 图符排序

"图符排序" 是把图符大类、小类以及图符在类中的位置,按照用户习惯的方式排列。用户可以把常用的类和图符排在前面,这样可以简化用户查找图符的操作,节约了时间,提高了工作效率。

操作步骤

① 在"图库管理"对话框中单击"图符排序"按钮,弹出"图符排序"对话框,如图 4-19 所示。

② 在列表框中列出了图库的每一个大类,先单击要移动的类名,该类名变为蓝色表示被选中,然后拖动,可看到一灰色窄条跟随光标移动,它表示移动后到达的新位置;当拖动到合适的位置后释放,可以看到该类的位置已经发生了变化。

③ 若双击大类的类名,则可显示出该大类中的所有小类;同理,双击小类的类名,可显示出该小类中所有的图符。图符和小类的排序方法与大类的排序方法一样,排序完成后,单击"返回上一级"按钮则可层层返回。

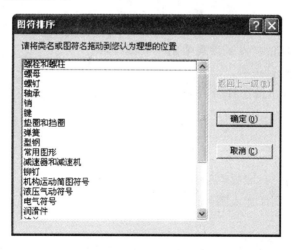

图 4-19 "图符排序"对话框

④ 所有排序完成后单击"确定"按钮,可返回"图库管理"对话框,进行其他图库管理操作。全部操作完成后,单击"确定"按钮,结束图库管理操作。

5. 导出图符

"导出图符" 将需要导出的图符以"图库索引文件(*.idx)"的方式在系统中进行保存。

操作步骤

① 在"图库管理"对话框中单击"导出图符"按钮,弹出"导出图符"对话框,如图4-20所示。

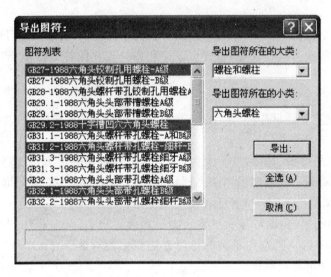

图4-20 "导出图符"对话框

② 在"图符列表"框中列出了该类中的所有图符,用户可以选择需要导出的图符,如果全部需要导出,可单击"全选"按钮。

③ 在选择完需要导出的图符后,单击"导出"按钮,在弹出的"另存文件"对话框中输入要保存的图库索引文件名,单击"保存"完成图符的导出。

6. 并入图符

图库转换用来将用户在旧版本中自己定义的图库转换为当前的图库格式,或者将用户在另一台计算机上定义的图库加入到本计算机的图库中。

操作步骤

① 在"图库管理"对话框中单击"并入图符"按钮,弹出"打开图库索引文件"对话框。用户可选择需要转换图库的索引文件,选择完后,单击"打开"按钮,可弹出"并入图符"对话框,如图4-21所示。

② 在"图符列表"框中列出了索引文件中的所有图符,用户可以选择需要转换的图符,如果全部需要转换,可单击"全选"按钮,然后再选择转换后图符放入哪个类,用户也可输入新类名以创建新的类。所有选择完成后,单击"并入"按钮。对话框底部的进程条将显示转换的进度。

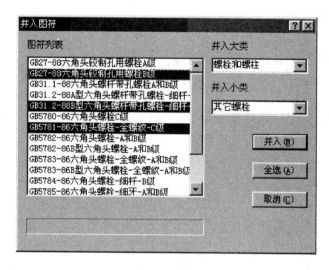

图 4-21 "并入图符"对话框

③ 转换完成后可返回"图库管理"对话框,进行其他图库管理操作。全部操作完成后,单击"确定"按钮,结束图库管理操作。

7. 图符改名

"图符改名" 对图符原有的名称以及图符大类和小类的名称进行修改。

操作步骤

① 在"图库管理"对话框中选择要改名的图符,可通过右侧预览框对图符进行预览,具体方法与提取图符时一样。

② 单击"图符改名"按钮,选择需要修改的选项,如需要修改图符的名称,单击"重命名当前图符",弹出"图符改名"对话框,如图 4-22 所示。

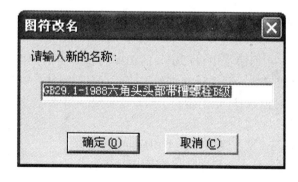

图 4-22 "图符改名"对话框

③ 在文本框中输入新的图符名称。

④ 输入结束后单击"确定"按钮,可返回"图库管理"对话框,进行其他图库管理操作。全部操作完成后,单击"确定"按钮,结束图库管理操作。

8. 删除图符

"删除图符" 删除图库中无用的图符,也可以一次性删除无用的一大类或者一小类图符。

操作步骤

① 在"图库管理"对话框中选择要删除的图符,可通过右侧预览框对图符进行预览,具体方法与提取图符时一样。

② 单击"删除图符"按钮,选择需要删除的图符,弹出对话框,为了避免误操作,系统询问用户是否确定要删除该图符,用户可根据实际情况单击"确定"或"取消"按钮。

③ 删除操作完成或被取消后可返回"图库管理"对话框,进行其他图库管理操作。全部操作完成后,单击"确定"按钮,结束图库管理操作。

9. 压缩图库

一般图库经过编辑后,会在图库文件中产生冗余信息。"压缩图库"功能就是用于除去图库文件中可能存在的冗余信息,减少图库文件占用的硬盘空间,提高读取图符信息的效率。

操作步骤

① 在"图库管理"对话框中选取要压缩的图符小类。

② 单击"压缩图库"按钮,弹出"压缩图库"对话框。单击"开始"按钮可进行压缩,压缩过程中,进程条将显示压缩进度。

③ 压缩完成后单击"关闭"按钮返回"图库管理"对话框,进行其他图库管理操作。全部操作完成后,单击"确定"按钮,结束图库管理操作。

4.4 图库转换

图库转换用来将用户在旧版本中自己定义的图库转换为当前的图库格式,或者将用户在另一台计算机上定义的图库加入到本计算机的图库中。在选择转换类型时,既可以选择"主索引文件(Index.sys)",也可以选择"小类索引文件(*.idx)",如图4-23所示。

在图中的"文件类型"中:

"主索引文件(Index.sys)" 将所有类型图库同时转换。

"小类索引文件(*.idx)" 选择单一类型图库进行转换。

第 4 章　块与图库

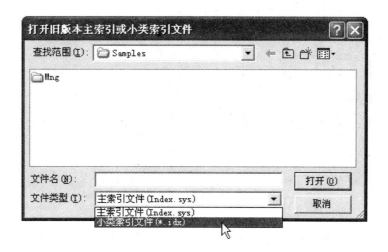

图 4-23　"打开旧版本主索引或小类索引文件"对话框

4.5　构件库

构件库是一种新的二次开发模块的应用形式，构件库的开发与普通二次开发基本一样，只是在使用上与普通二次开发的应用程序有以下区别：

① 它在电子图板启动时自动载入，在电子图板关闭时退出，不需要通过应用程序管理器进行加载和卸载。

② 普通二次开发程序中的功能是通过菜单激活的，而构件库模块中的功能是通过构件库管理器进行统一管理和激活的。

③ 构件库一般具有不需要对话框进行交互、而只需要立即菜单进行交互的功能。

④ 构件库的功能使用更直观，不仅有功能说明等文字说明，还有图片说明，更加形象。

在使用构件库之前，首先应该把编写好的库文件 eba 复制到 EB 安装路径下的构件库目录\Conlib 中，在该目录中已经提供了一个构件库的例子 EbcSample，然后启动电子图板，在"绘图"|"库操作"子菜单中选择"构件库"命令，或者在"绘图工具"工具条中单击"构件库图"工具按钮，弹出如图 4-24 所示的"构件库"对话框。

在"构件库"下拉列表框中可以选择不同的构件库，在"选择构件"列表框中以图标按钮的形式列出了这个构件库中的所有构件，单击后在"功能说明"栏中列出了所选构件的功能说明，单击"确定"按钮后就会执行所选的构件。

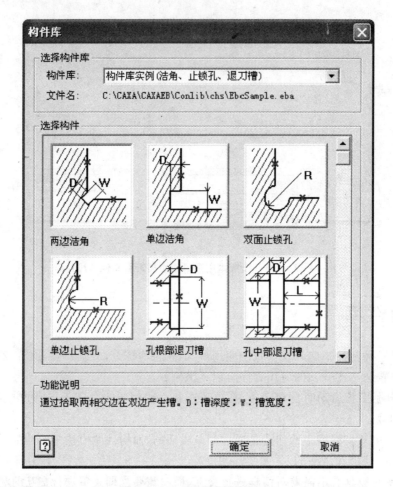

图 4-24 "构件库"对话框

4.6 技术要求库

CAXA 电子图板用数据库文件分类记录了常用的技术要求文本项，可以辅助生成技术要求文本插入工程图，也可以对技术要求库的文本进行添加、删除和修改，即进行管理。

单击"绘图工具"工具条中的"技术要求库"工具按钮，进入"技术要求生成及技术要求库管理"对话框，如图 4-25 所示。

"技术要求生成及技术要求库管理"对话框

左下角的列表框中列出了所有已有的技术要求类别，右下角的表格中列出了当前类别的

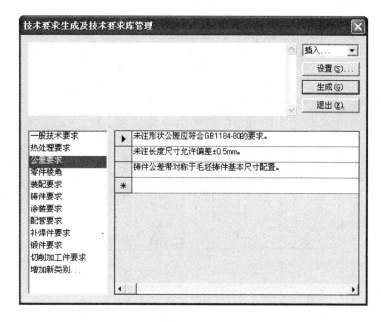

图 4-25 "技术要求生成及技术要求库管理"对话框

所有文本项。如果技术要求库中已经有了要用到的文本,则可以直接将文本从表格中拖放到上面文本框中合适的位置。也可以直接在文本框中输入和编辑文本。

单击"设置"按钮可以进入"文字标注参数设置"对话框,修改技术要求文本要采用的参数。右上角的组合框用法与"文字标注与编辑"对话框中的一样。完成编辑后,单击"生成"按钮,根据提示指定技术要求所在的区域,系统自动生成技术要求。需要指出的是:设置的字型参数是技术要求正文的参数,而标题"技术要求"四个字由系统自动生成,因此在文本框中也不需要输入这四个字。

技术要求库的管理工作也是在此对话框中进行。选择左下角列表框中的不同类别,右下角的表格中的内容随之变化。要修改某个文本项的内容,只需直接在表格中修改;要增加新的文本项,可以在表格最后左边有星号的行中输入;要删除文本项,则单击相应行左边的选择区选中该行,再按 Del 键删除;要增加一个类别,选择列表框中的最后一项"增加新类别",输入新类别的名字,然后在表格中为新类别增加文本项;要删除一个类别,选中该类别,按 Del 键,在弹出的消息框中选择"是",则该类别及其中的所有文本项都被从数据库中删除;要修改类别名,双击,再进行修改。完成管理工作后,单击"退出"按钮退出对话框。

4.7　体验实例

泵体零件图如图 4-26 所示。改实例图形结构比较简单,主要涉及到"轴/孔"、"等距线"、"中心线"、"剖面线"及"矩形"等命令的使用。在学习过程中要注意"提取图符"命令的使用方法。

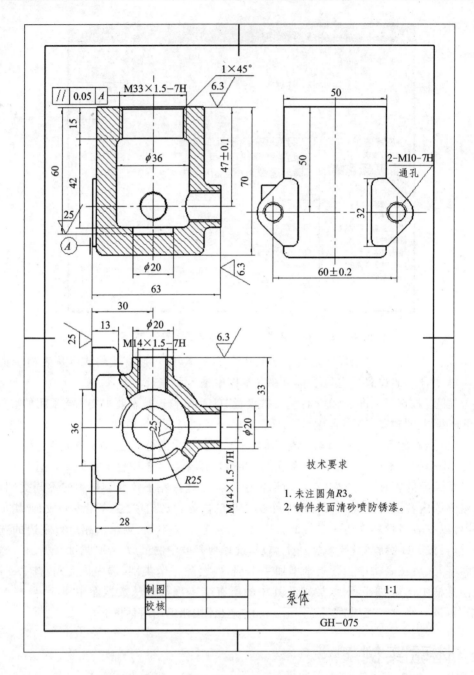

图 4-26 泵体零件图

操作步骤

① 单击"绘图工具"工具条中的"提取图符"工具按钮,弹出"提取图符"对话框,在"图符大类"中选择"常用图形",在"图符小类"中选择"孔",在"图符列表"中选择"粗牙内螺纹",单击"下一步"按钮,进入"图符预处理"对话框,在"尺寸规格选择"类表中选择"D"值为14的一行,在"图符处理"中选择"打散",单击"确定"按钮,捕捉(0,0)点,双击鼠标右键结束命令。结果如图4-27所示。

② 单击"编辑工具"栏中的"拉伸"工具按钮,将中心线拉伸到适当长度,如图4-28所示。

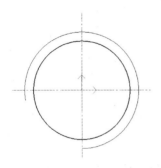

图4-27 添加粗牙内螺纹图形

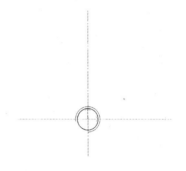

图4-28 拉伸中心线

③ 单击"绘图工具"工具条中的"等距线"工具按钮,在立即菜单的"1:"中选择"单个拾取",在"2:"选择"制定距离",在"5:距离"中输入47,拾取水平中心线,在其上方单击;在"5:距离"中输入23,拾取水平中心线,在其下方单击;在"5:距离"中输入23,拾取水平中心线,在其下方单击;在"5:距离"中输入28,拾取垂直中心线,在其左侧单击;在"5:距离"中输入25,拾取垂直中心线,在其右侧单击;在"5:距离"中输入33,拾取垂直中心线,在其右侧单击;在"3:"中选择"双向",在"5:距离"中输入10,拾取水平中心线,如图4-29所示。

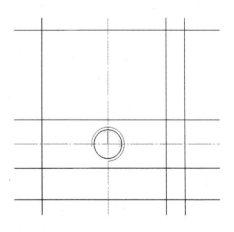

图4-29 绘制等距线

④ 使用"裁剪"命令修改图形,如图4-30所示。

⑤ 单击"绘图工具"工具条中的"提取图符"工具按钮,弹出"提取图符"对话框,在"图符大类"中选择"常用图形",在"图符小类"中选择"孔",在"图符列表"中选择"螺纹盲孔",单击"下一步"按钮,进入"图符预处理"对话框;在"尺寸规格选择"列表中任意选择一列,双击其"M"值,将其改为33,将"L"和"l"值改为15,在"图符处理"中选择"打散",单击"确定"按钮,捕

捉交点 a 后右击，如图 4-31 所示。

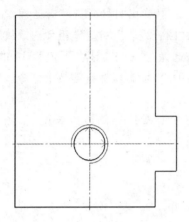

图 4-30　修改图形

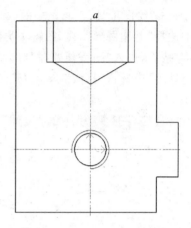

图 4-31　添加螺纹盲孔图形

⑥ 将螺纹盲孔图形中的两条角度线删除。

⑦ 单击"绘图工具Ⅱ"工具条中的"轴/孔"工具按钮，在立即菜单的"3：中心线角度"中输入 90，捕捉交点 a 为轴的起点；在"2：起始直径"中输入第一段轴的起始直径 36，输入长度 42；在"2：起始直径"中输入第二段轴的起始直径 20，输入长度 3，右击结束命令。结果如图 4-32 所示。

⑧ 单击"绘图工具"工具条中的"提取图符"工具按钮，弹出"提取图符"对话框；在"图符大类"中选择"常用图形"，在"图符小类"中选择"孔"，在"图符列表"中选择"螺纹盲孔"，单击"下一步"按钮，进入"图符预处理"对话框；在"尺寸规格选择"列表中选择"M"值为 14 的一列，将"L"和"l"值改为 15，在"图符处理"中选择"打散"，单击"确定"按钮，捕捉交点 a，输入旋转角度 -90°，如图 4-33 所示。

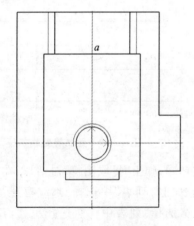

图 4-32　绘制轴图形

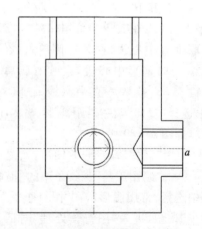

图 4-33　绘制螺纹盲孔图形

⑨ 将步骤⑧绘制的螺纹盲孔图形中的角度线删除。
⑩ 将当前捕捉形式设置为"导航"捕捉。
⑪ 单击"绘图工具"工具条中的"圆弧"工具按钮，利用"导航"捕捉，捕捉点 a,b,c 绘制圆弧，如图 4-34 所示。
⑫ 使用"裁剪"命令修改图形。
⑬ 单击"绘图工具"工具条中的"等距线"工具按钮，在立即菜单的"3:"中选择"单向"，在"5:距离"中输入 50，拾取水平直线 a，在其下方单击，如图 4-35 所示。

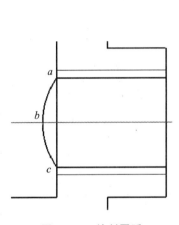

图 4-34 绘制圆弧

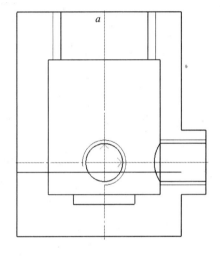

图 4-35 绘制等距线

⑭ 单击"绘图工具Ⅱ"工具条中的"轴/孔"工具按钮，在立即菜单的"3:中心线角度"中输入 0，捕捉交点 b 为轴起始点，在"2:起始直径"中输入 32，输入长度 2，如图 4-36 所示。
⑮ 使用"删除"以及"裁剪"命令修改主视图。
⑯ 单击"绘图工具"工具条中的"提取图符"工具按钮，弹出"提取图符"对话框，在"图符大类"中选择"常用图形"，在"图符小类"中选择"孔"，在"图符列表"中选择"粗牙内螺纹"，单击"下一步"按钮，进入"图符预处理"对话框，在"尺寸规格选择"类表中选择"D"值为 33 的一行，在"图符处理"中选择"打散"，单击"确定"按钮，利用"导航"捕捉确定插入点，双击鼠标右键结束命令。结果如图 4-37 所示。

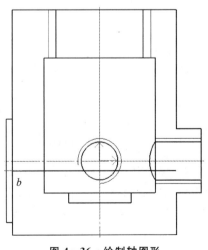

图 4-36 绘制轴图形

⑰ 单击"绘图工具"工具条中的"圆"工具按钮⊕,捕捉交点 a 为圆心绘制直径分别为 20,36,50 的同心圆,如图 4-38 所示。

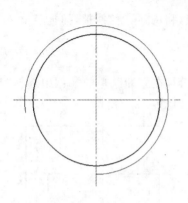

图 4-37 添加孔图形

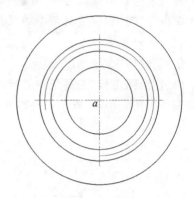

图 4-38 绘制圆

⑱ 单击"编辑工具"工具条中的"拉伸"工具按钮 ,将中心线拉伸到适当长度,如图 4-39 所示。

⑲ 单击"绘图工具"工具条中的"矩形"工具按钮 ,捕捉交点 a 为矩形的第一个交点,输入第二点的相对坐标(@-28,-50),如图 4-40 所示。

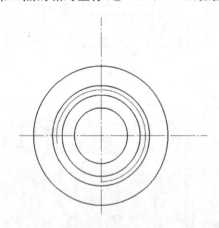

图 4-39 拉伸直线

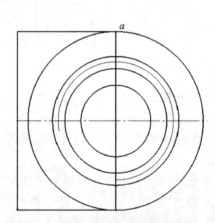

图 4-40 绘制矩形

⑳ 单击"绘图工具"工具条中的"等距线"工具按钮 ,在立即菜单的"5:距离"中输入 17,拾取垂直中心线,在其左侧单击;在"5:距离"中输入 30,拾取垂直中心线,在其左侧单击;在"3:"中选择"双向",在"5:距离"中输入 18,拾取水平中心线;在"5:距离"中输入 38,拾取水平中心线,如图 4-41 所示。

㉑ 使用"裁剪"以及"删除"命令修改图形,如图 4-42 所示。

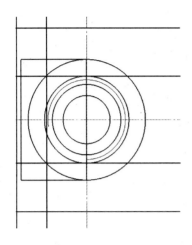

图 4-41 绘制等距线

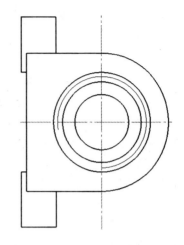

图 4-42 修改图形

㉒ 单击"属性工具"工具条中的图层下三角按钮将"细实线层"设置为当前图层。

㉓ 单击"绘图工具"工具条中的"样条"工具按钮～，绘制图 4-43 所示的样条曲线。

㉔ 使用"裁剪"命令修改图形，如图 4-44 所示。

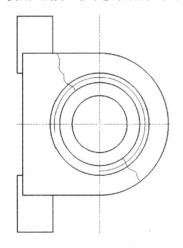

图 4-43 绘制样条曲线

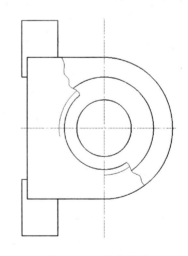

图 4-44 修改图形

㉕ 将当前图层设置为"0层"。

㉖ 单击"绘图工具Ⅱ"工具条中的"轴/孔"工具按钮，捕捉交点 a 为起点，在立即菜单的"2:起始直径"中输入 20，输入长度 33，单击结束命令。

㉗ 右击重复使用"轴/孔"命令，在立即菜单的"3:中心线角度"中输入 90，捕捉交点 a 为起点输入长度 33，右击结束命令。结果如图 4-45 所示。

㉘ 单击"绘图工具"工具条中的"提取图符"工具按钮■,弹出"提取图符"对话框;在"图符大类"中选择"常用图形",在"图符小类"中选择"孔",在"图符列表"中选择"螺纹盲孔",单击"下一步"按钮,进入"图符预处理"对话框;在"尺寸规格选择"列表中选择"M"值为 14 的一列,将"L"和"l"值改为 20,在"图符处理"中选择"打散",单击"确定"按钮,捕捉交点 a,输入旋转角度 $-90°$,捕捉交点 b,右击结束命令。结果如图 4-46 所示。

㉙ 使用"裁剪"以及"删除"命令修改图形,如图 4-47 所示。

㉚ 单击"绘图工具"工具条中的"矩形"工具按钮■,利用"导航"捕捉确定矩形的第一个角点 a,输入另一个交点的相对坐标(@50,-70),如图 4-48 所示。

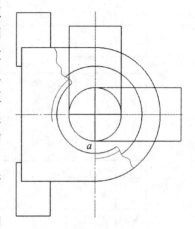

图 4-45 绘制轴图形

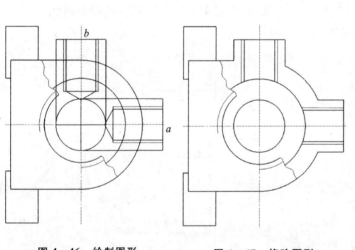

图 4-46 绘制图形   图 4-47 修改图形

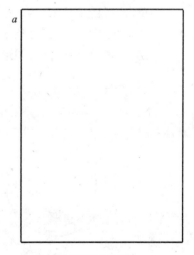

图 4-48 绘制轴图形

㉛ 单击"绘图工具"工具条中的"中心线"工具按钮■,拾取矩形的两条垂直边,右击,如图 4-49 所示。

㉜ 单击"绘图工具"工具条中的"等距线"工具按钮■,在立即菜单的"3:"中选择"单向",在"5:距离"中输入 20,拾取水平直线 a,在其上方单击,在"5:距离"中输入 30,拾取垂直直线 b,在其右侧单击,如图 4-50 所示。

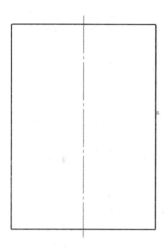

图4-49 绘制中心线

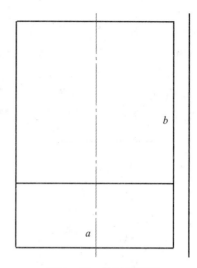

图4-50 绘制等距线

㉝ 单击"绘图工具"工具条中"圆"工具按钮⊕,利用"导航"捕捉确定圆心,绘制直径为16的圆,如图4-51所示。

㉞ 将步骤㉜绘制的等距线删除。

㉟ 单击"绘图工具"工具条中的"中心线"工具按钮⊘,拾取直径为16的圆。

㊱ 单击"绘图工具"工具条中的"提取图符"工具按钮,弹出"提取图符"对话框;在"图符大类"中选择"常用图形",在"图符小类"中选择"孔",在"图符列表"中选择"粗牙内螺纹",单击"下一步"按钮,进入"图符预处理"对话框;在"尺寸规格选择"类表中选择"D"值为10的一行,在"图符处理"中选择"打散",单击"确定"按钮;捕捉圆心 a,双击鼠标右键结束命令。结果如图4-52所示。

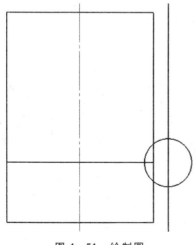

图4-51 绘制圆

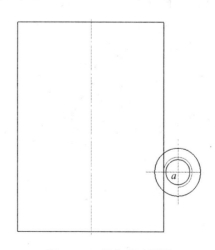

图4-52 添加螺孔图形

㊲ 单击“绘图工具”工具条中的“等距线”工具按钮，在立即菜单的“3:”中选择“双向”，在“5:距离”中输入 16，拾取中心线 a，在其上方单击，在“5:距离”中输入 30，拾取直线 b，在其右侧单击，如图 4-53 所示。

㊳ 单击“绘图工具”工具条中的“直线”工具按钮，捕捉交点 a 为直线的起点，按空格键，在弹出的立即菜单中选择“切点”，拾取圆，使用同样的方法绘制另一条切线，如图 4-54 所示。

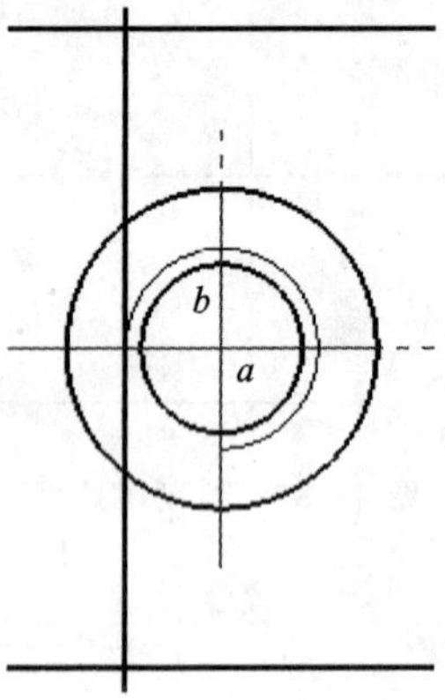

图 4-53　绘制等距线

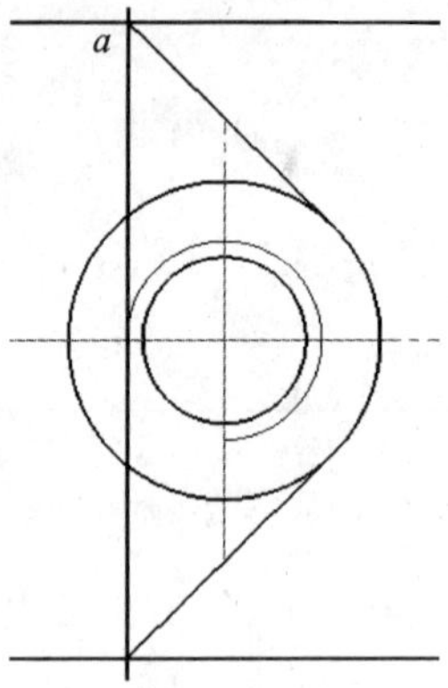

图 4-54　绘制切线

㊴ 将步骤㊱绘制的等距线删除。

㊵ 右击重复使用“直线”命令，捕捉交点 a 为起点，在立即菜单的“3:”中选择“正交”，将光标移动到左侧，输入 7，利用“导航”捕捉确定交点 b，最后捕捉交点 c，如图 4-55 所示。

㊶ 单击“编辑工具”工具条中的“镜像”工具按钮，在立即菜单“2:”中选择“拷贝”，拾取需要镜像复制的图形，右击结束选择，拾取垂直中心线为镜像复制图形，如图 4-56 所示。

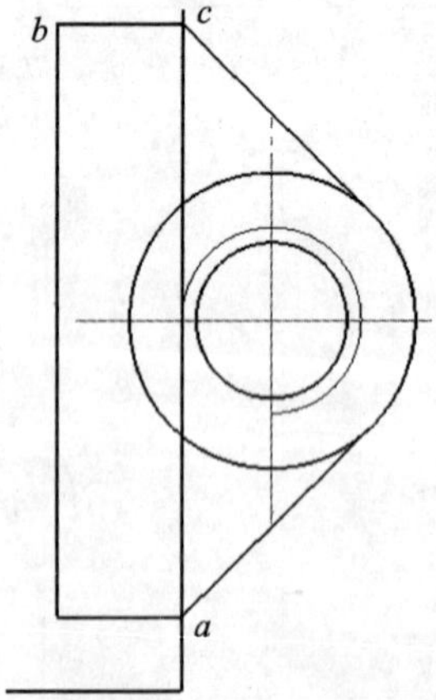

图 4-55　绘制直线

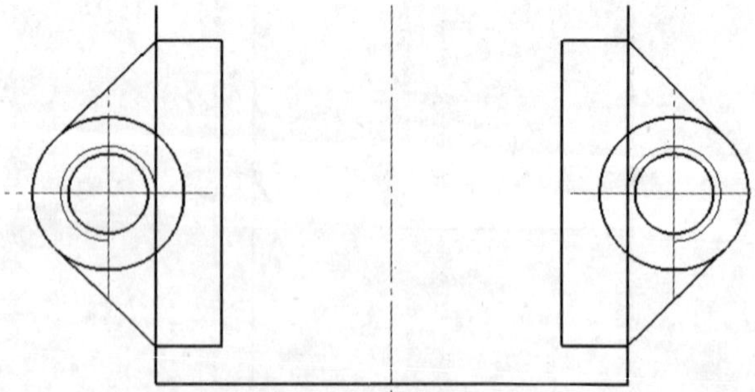

图 4-56　镜像复制图形

㊷ 使用"裁剪"命令修改图形,如图4-57所示。

㊸ 单击"绘图工具"工具条中的"等距线"工具按钮,在立即菜单的"3:"中选择"单向",在"5:距离"中输入33,拾取垂直中心线,在其左侧单击,如图4-58所示。

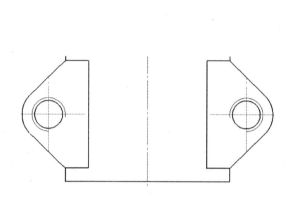

图4-57 修改图形

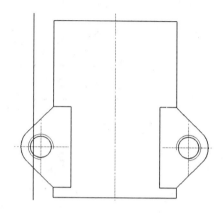

图4-58 绘制等距线

㊹ 单击"绘图工具"工具条中的"直线"工具按钮,利用"导航"捕捉绘制图4-59所示的直线。

㊺ 使用"裁剪"命令修改图形,如图4-60所示。

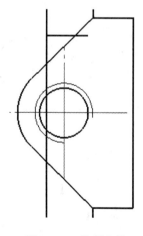

图4-59 绘制直线

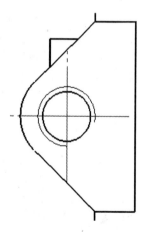

图4-60 修改图形

㊻ 单击"编辑工具"工具条中的"过渡"工具按钮,在立即菜单的"3:半径="中输入3,拾取需要修改圆角的边,如图4-61所示。

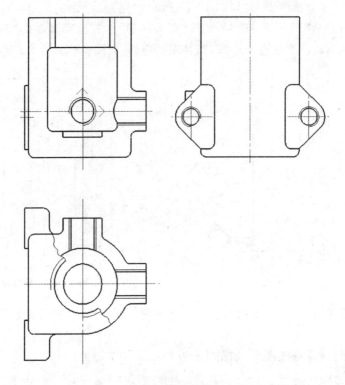

图 4-61 修改圆角

㊼ 右击重复使用"过渡"命令,在立即菜单的"1:"中选择"内倒角",在"2:长度"中输入 1,拾取需要修改倒角的三条边,如图 4-62 所示。

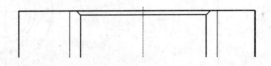

图 4-62 修改倒角

㊽ 单击"绘图工具"工具条中的"剖面线"工具按钮▨,拾取需要添加剖面线的区域,如图 4-63 所示。

㊾ 单击"编辑工具"工具条中的"拷贝"工具按钮▩,在立即菜单的"4:旋转角"中输入 90,拾取左视图中两个孔的垂直中心线,右击结束选择;利用"导航"捕捉确定移动的第一点,利用"导航"捕捉确定第二点,右击结束命令。结果如图 4-64 所示。

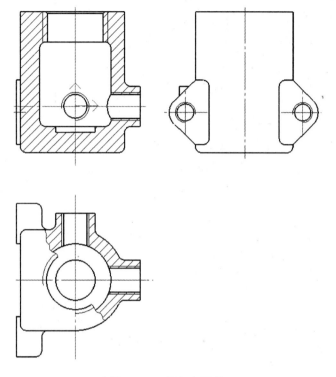

图 4-63 添加剖面线

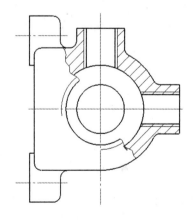

图 4-64 移动复制图形

㊿ 单击"绘图工具"工具条中的"技术要求库"工具按钮,弹出"技术要求生成及技术要求库管理"对话框;在该对话框中输入需要添加的技术要求,单击"生成"按钮,框选需要添加技术要求的区域,如图 4-65 所示。

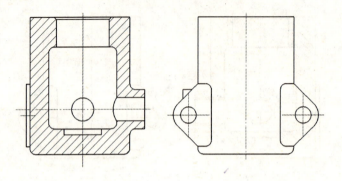

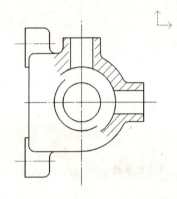

图 4-65 添加技术要求

第 5 章 投影三维模型

读入三维模型是 CAXA 电子图板特有的一项功能,三视图管理主要用于解决利用三维实体准确生成二维工程图纸的问题。其设计思想是在二维图板中读入由三维实体设计完成的零件、装配图,根据用户需求生成准确的标准视图、自定义视图、剖视图和剖面图。视图生成之后,用户可以根据自己的实际情况对视图进行修改,如移动视图、打散视图和更新视图,还可以对它们重新定位、添加标注和文字,从而很快生成一个准确而全面的工程图。

5.1 生成标准视图

选择"工具"|"视图管理"|"读入标准视图"菜单项,或者单击"视图管理"工具条中的"读入标准视图"工具按钮,弹出如图 5-1 所示的"打开"对话框。在该对话框中选择需要生成二维视图的零件或者装配,包括 epb(三维实体数据文件)、eab(三维实体装配数据文件)、mxe(制造工程师数据文件)、x_t 和 x_b 文件。然后单击"打开"后,弹出"标准视图输出"对话框,如图 5-2 所示,"标准视图输出"对话框有 3 个选项卡:"视图设置"、"部件设置"、"选项"。

图 5-1 "打开"对话框

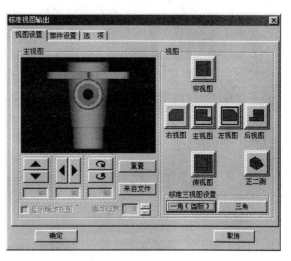

图 5-2 "标准视图输出"对话框

1. "视图设置"选项卡

"视图设置"选项卡用于视图投影的设置。

(1) "主视图"区域

"视图设置"选项卡如图 5-3 所示,其左侧为"主视图"区域,上方的预览区域显示了输出图的主视图的显示情况,其他视图都以它为基准。预览区域的下方是调整主视图的工具。单击"重置"按钮,主视图变为 CAXA 三维实体中主视图的视向,单击"来自文件"按钮,则表示当前主视图为文件存储时的视向。"重置"按钮左边的3组调节按钮的功能从左到右分别是:以当前视向为准绕着主视图显示框中预显窗口的 x,y,z 轴正、反向旋转 $90°$。

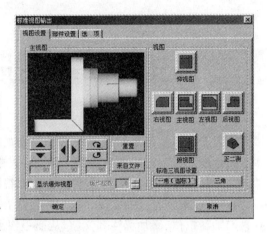

图 5-3 "视图设置"选项卡

(2) "视图"区域

"视图设置"选项卡的右边区域中的按钮用来让用户选择所要输出的视图,连续单击同一个按钮可以实现对相应视图的输出/不输出的控制。图 5-3 分别表示主视图的输出、不输出的图标显示。

在"视图设置"选项卡中,软件提供了两种视角投影方法用于确定标准视图在工程图中的位置:第一角投影法为国家标准规定投影法;第三角投影法为西方国家常用的投影法,选择相应的视图设置后,系统将自动选择标准三视图。当然,也可以根据自己的需要选择视图。

对于装配图,"视图设置"选项卡左下角的"显示爆炸视图"选项将被激活。如果选择了"显示爆炸视图"并设定了爆炸级别(只有在三维实体中设定爆炸级别,这一项才会有效),那么输出的视图就不是前边所叙述的"基本视图"或者"轴测图",而只是与所选标准视图具有相同视向的"自定义视图"。

2. "部件设置"选项卡

"部件设置"选项卡主要针对装配体,它可以指定哪些零件在输出视图时不显示,或者在进行剖切时,哪些零件不被剖切等,如图 5-4 所示。

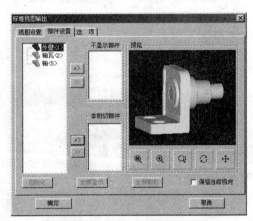

图 5-4 "部件设置"选项卡

(1)"预览"区域

"预览"区域是用来对当前三维文件内容进行观察的,它只起到浏览的作用,对输出视图的视向没有任何影响。

(2)输出控制区域

"部件设置"选项卡左侧区域是用来控制对文件中各个实体的输出状况的。在最左边的树形框内用来标示当前文件中的组件,其右边的列表框中分别表示了"不显示"、"非剖切"的部件实体。它们是通过中间的"=>""<="按钮进行选择的。

当一个部件被列为不显示时,它在最左边图框内显示的图标为 ![icon],同时不显示列表框中会将该部件的名称添加到里边。如果被列为非剖切,它的图标为 ![icon],同时非剖切列表框中也会把该部件的名称添加到里边。

在选择"不显示部件"及"非剖切部件"内容时,可以通过对话框右下方的显示工具条,对装配体进行放大、缩小、旋转和平移等操作,还可以通过"保留当前视向"的选项保留当前的视向,以便视图输出。

"部件设置"选项卡中的三个按钮的功能如下:

"初始化" 单击此按钮系统将把所有设置返回到最初状态,使得所有部件都参与显示、剖切。

"全部显示" 单击此按钮将清空"不显示部件"列表内容,使得所有部件都参与显示。

"全部剖切" 单击此按钮将清空"非剖切部件"列表内容,使得所有部件都参与剖切。

3. "选项"选项卡

"选项"选项卡主要用于视图输出时对隐藏线、过渡线的设置,如图5-5所示。在该选项卡中,可以设定在投影过程中的一些关于投影效果的选项。

"隐藏线处理" 共有3个选择内容:不输出隐藏线、输出所有隐藏线、仅轴测图不输出隐藏线。

"过渡线处理" 共有3个选择内容:不输出过渡线、输出所有过渡线、仅轴测图输出过渡线。

如果用户选择了"投影3D尺寸"选项,那么3D实体中的标注会被输出,否则不会被输出。通过以上步骤的设置,在选取所需的视图后,单击"确定",便开始对视图进行接收。

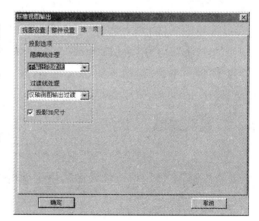

图5-5 "选项"选项卡

5.2 生成自定义视图

选择"工具"|"视图管理"|"读入自定义视图"菜单项,或者单击"视图管理"工具条中的"读入自定义视图"工具按钮,弹出"打开"对话框。在"打开"对话框中可以选择需要生成二维视图的零件模型或者装配模型,然后单击"打开"按钮,弹出"自定义视图输出"对话框,如图 5-6 所示。

与"标准视图输出"对话框不同的是没有输出视图的选择,而且在 3 组调节按钮下面有自定义角度文本框,在该文本框中需要输入视图的旋转角度,即可完成自定义视图的定义。自定义角度指以当前视向为基准绕着主视图显示框中预显窗口的 x,y,z 轴正、反向旋转 $0°\sim 90°$。

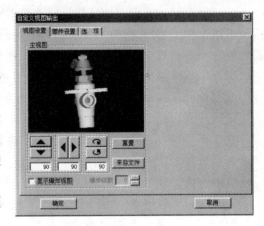

图 5-6 "自定义视图输出"对话框

其他操作与读入标准视图的方法完全一样,不再重述。

5.3 视图处理

标准视图的接收顺序依次为:主视图、俯视图、左视图、右视图、仰视图、后视图以及轴测图。如果选择了主视图的输出,那么其他基本视图都可以通过"导航"与它对齐。如果当前接收的视图没有主视图,则不能通过"导航"进行对齐。而且,对于轴测图和自定义视图,由于其没有"对齐"的意义,所以也不提供"导航"对齐的功能。

1. 视图删除

选择"工具"|"视图管理"|"视图删除"菜单项,或者单击"视图管理"工具条中的"视图删除"工具按钮,然后拾取读入的需要删除的视图,即可将该视图删除。

2. 视图打散

选择"工具"|"视图管理"|"视图打散"菜单项,或者单击"视图管理"工具条中的"视图打散"工具按钮,然后拾取读入的需要打散的视图,即可将该视图打散。

打散后的视图清除了与三维文件相关联的信息,相当于直接利用系统绘制的二维图形。如果三维文件做了修改,当视图更新时,打散的视图不能再进行更新。

3. 视图移动

选择"工具"|"视图管理"|"视图移动"菜单项,或者单击"视图管理"工具条中的"视图移动"工具按钮,然后拾取读入的需要移动的视图,即可将该视图移动到适当的位置。视图移动操作每次只能移动一个视图。

在对视图进行移动操作时,如果当前文件中已经接收了主视图,那么可以通过"导航"与之对齐;否则,不能进行对齐。另外,如果当前选中的是主视图或者自定义视图或者轴测图,则由于没有参照视图所以不提供"导航"功能。对于其他标准视图,像对于剖视(面)图,如果当前文件中有其参照视图(该剖视图是通过剖切其参照视图得来的),那么它可以在其剖切方向上进行"导航"移动;反之,不能进行"导航"移动。

4. 视图更新

如果对 CAXA 三维实体的三维文件做了一定的修改,那么首先需要选择"工具"|"视图管理"|"视图更新"菜单项,或者单击"视图管理"工具条中的"视图更新"工具按钮,然后拾取读入的需要更新的视图,即可将该视图进行更新。更新视图的方式有两种:单个更新和全体更新,用户可在屏幕左下角的立即菜单中选取试图更新方式,系统默认为"逐个更新"。

5.4 生成剖视图

选择"工具"|"视图管理"|"生成剖视图"菜单项,或者单击"视图管理"工具条中的"生成剖视图"工具按钮,即可激活该功能。生成剖视图分为绘制剖切轨迹,确认剖切视图,接收视图,确定剖视标注符号等四步。

1. 绘制剖切轨迹

绘制剖切轨迹的方法比较简单,与工程标注中的剖切符号的绘制一样。但是,如果想要自动生成剖视图,其剖切符号必须符合以下条件:

① 剖切符号必须与视图相交,否则系统将剖切符号视为普通的剖切符号,不会进行任何剖切动作。

② 如果要得到半剖效果,那么剖切符号中只能包含两个剖切点。

③ 如果要产生旋转剖,那么剖切符号必须有且最多有三个剖切点。

④ 如果要产生阶梯剖,那么相连两条剖切线必须相互垂直,剖切线的数目必须是大于 2 的奇数,并且相邻奇数的剖切线与中间的剖切线不能构成 U 形。

如果剖切线不符合上述条件,系统便会把此剖切符号当作普通的剖切符号,不进行任何剖切动作。

2. 确认剖切视图

在绘制剖切符号的时候有可能同时与两个视图的图形元素相交,这时系统便会提示确认所要剖切的视图,如图5-7所示。

选择所要剖切的视图后,单击"确定"即进入下一步操作。如果单击"取消"按钮,则绘制的剖切符号被系统认作普通的剖切符号,不进行任何剖切操作。

如果需要对零件进行半剖处理,只要选取"半剖"选项即可。但是,如果选择半剖输出,需要指定输出半剖位置和剖切部分。指定半剖位置的方法有两种,即拾取中心线和拾取两点。该选项可通过屏幕左下方的立即菜单进行选择,系统默认为"选择中心线"方式。

确认半剖位置后,系统要求确认剖切部分,如图5-8所示。

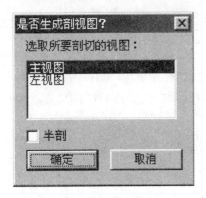

图5-7 提示对话框

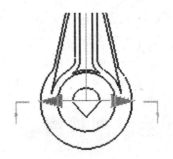

图5-8 确认剖切部分

其中,铅垂的线条是指定的剖切位置,系统要求单击箭头所指的方向来确定剖切部分。但是,确定剖切位置的时候,其位置应当在两个剖切点之间,否则,系统认为指定非法而不会生成剖视图。单击剖切部分时,光标落下部分为剖切部分,另一部分则按照普通投影进行输出。

3. 接收视图

视图生成后,还需要确定视图的位置。为了方便视图的定位,系统提供定位导航功能。即可以在剖视方向上设置剖视图的定位点。当然,也可以不选用导航功能,随意设定剖视图的定位点。

确定了定位点之后,需要输入剖视图的旋转角度。可以利用系统提供的角度导航功能自动把剖视图放置成水平和铅垂状态,也可以随意设置剖视图的旋转角度。

4. 确定剖视标注符号

最后可以指定剖视标注符号内容,并指定其定位点即可。

5.5 生成剖面图

有时需要表达一个机件的端面情况。这时，可以使用软件提供"生成剖面图"功能来完成。

生成剖面图的操作方法同生成剖视图的操作方法基本相同。但是，需要注意：剖视图不但包括剖切生成的端面信息，也包括所有可见轮廓的投影，但是剖面图仅仅包括由剖切生成的端面图形。还有剖面图不支持半剖方式。

选择"工具"|"视图管理"|"生成剖面图"菜单项，或者单击"视图管理"工具条中的"生成剖面图"工具按钮 ，即可运行该功能。

5.6 视图的设置

在准备读入三维实体文件的视图之前，可以对读入视图进行设置。选择"工具"|"选项"菜单项，弹出如图 5-9 所示的"系统设置"对话框。

"细线显示" 选中此复选框则读入的视图用细实线显示。

"显示视图边框" 选中此复选框则读入的每个视图都有一个绿色矩形边框。

"打开文件时更新视图" 选中此复选框则打开视图文件，系统自动根据三维文件的变化对各个视图进行更新。

图 5-9 "系统设置"对话框

5.7 体验实例

本节将以图 5-10 所示的圆柱齿轮减速器箱体零件工程图为实例，具体介绍投影三维视图功能的操作方法。这里只讲述图形绘制的过程，标注与图符的绘制添加过程不作介绍，读者可以根据个人的兴趣自己添加。

操作步骤

① 单击"视图管理"工具条中的"读入标准视图"工具按钮 ，弹出"打开"对话框，如图 5-11 所示，单击"文件类型"的下三角按钮，选择"x_t"格式，在"查找范围"中选择文件的路径，在下方的文件列表中选择"阀体装配"，单击"打开"按钮进入"标准视图输出"对话框。

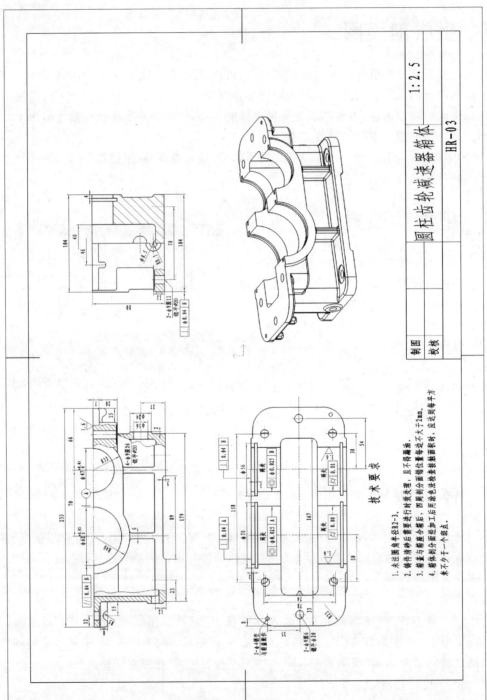

图 5-10 圆柱齿轮减速器箱体零件工程图

② 在"标准视图输出"对话框(如图5-12所示)中单击"主视图"区域下方的视向调整按钮,调整主视图的视向,在"视图"区域中选择"主视图"、"俯视图"和"正二测"为添加视图。

图 5-11 "打开"对话框

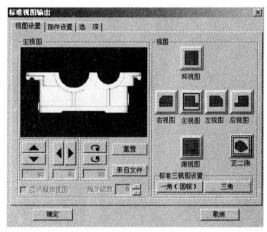

图 5-12 "标准视图输出"对话框

③ 单击"标准视图输出"对话框中的"确定"按钮,捕捉(0,0)为主视图的定位点,将光标向下方移动,在适当位置单击,确定俯视图的定位点以及正二测视图的定位点,如图5-13所示。

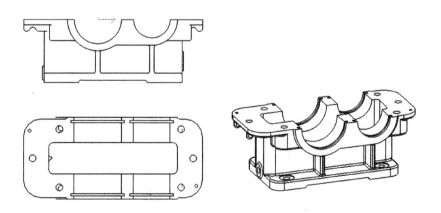

图 5-13 添加主、俯视图

④ 单击"绘图工具"工具条中的"中心线"工具按钮 ⌀，绘制如图 5-14 所示的中心线。

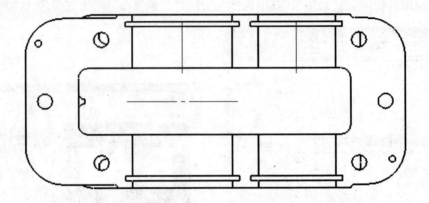

图 5-14 绘制中心线

⑤ 单击"编辑工具"工具条中的"拉伸"工具按钮 ✎，拾取步骤④绘制的中心线的两端，将其拉伸到适当长度，如图 5-15 所示。

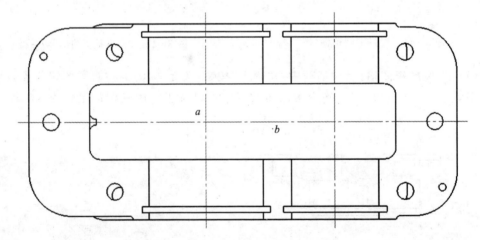

图 5-15 拉伸中心线

⑥ 单击"视图管理"工具条中的"生成剖视图"工具按钮 ▦，捕捉如图 5-15 所示的垂直中心线 a 的两端点绘制剖切轨迹，右击，在其右侧单击，再右击，弹出"是否生成剖视图？"对话框，如图 5-16 所示，选择"半剖"单选项，单击"确定"按钮，拾取图 5-15 所示的水平中心线 b，在其下方单击，移动光标到俯视图的左侧适当位置单击，输入旋转角度 90°，右击结束命令。结果如图 5-17 所示。

图 5-16 "是否生成剖视图?"对话框

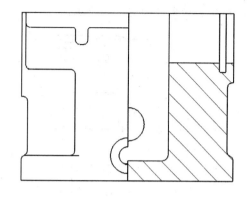

图 5-17 生成左视图

⑦ 单击"编辑工具"工具条中的"移动"工具按钮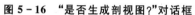,框选步骤⑥生成的左视图,右击结束选择,拾取底边任意一个特征点为移动的第一点,利用"导航"捕捉确定移动的第二点。

⑧ 使用"中心线"命令绘制各个视图的中心线,如图 5-18 所示。

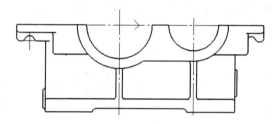

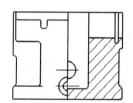

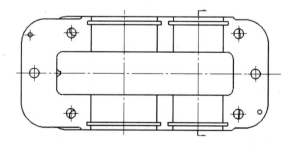

图 5-18 绘制中心线

⑨ 使用"生成剖视图"命令,利用"导航"捕捉拾取俯视图中水平中心线上两点,在其上方单击,注意不要与俯视图图形重合,如图 5-19 所示。弹出"是否生成剖面视图?"对话框,单击"确定"按钮,移动光标,在其上方与主视图重合的位置单击,再右击,确定视图旋转角度,右击

结束命令。结果如图5-20所示。

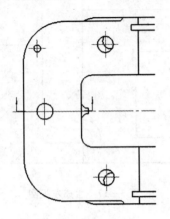

图5-19 绘制剖切轨迹

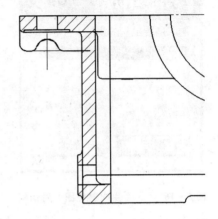

图5-20 添加剖视图

⑩ 单击"属性工具"工具条中的图层的下三角按钮,选择"细实线层"为当前图层。

⑪ 单击"绘图工具"工具条中的"样条"工具按钮 ~,在主视图中绘制一条适当的样条曲线,如图5-21所示。

⑫ 使用"裁剪"以及"删除"命令修改图形,如图5-22所示。

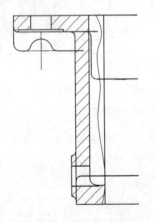

图5-21 绘制样条曲线

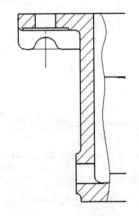

图5-22 修改图形

⑬ 使用同样的方法绘制主、左视图中的其他局部剖视图,如图5-23所示。

⑭ 使用"中心线"命令绘制各个局部剖视图中孔图形的中心线。

⑮ 使用"删除"命令将俯视图中多余剖切符号删除。

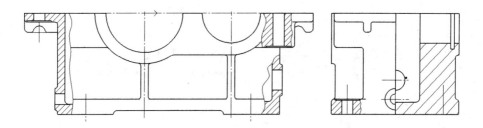

图 5-23 绘制局部剖视图

第 6 章 工程标注

视图中的图形,主要用来表达零件的形状,而零件的真实大小,则要靠标注尺寸来确定。尺寸标注是大多数图形中一个很重要的部分,CAXA 电子图板依据《机械制图国家标准》提供了对工程图进行尺寸标注、文字标注和工程符号标注的一整套方法,并能确保所有的标注完全符合行业标准。CAXA 电子图板的尺寸标注功能与 AutoCAD 相比更加齐全,集成度也高。除了包含 AutoCAD 中的所有标注命令外,还新增了许多更加实用的命令,如锥度标注、倒角标注、自动列表标注、基准代号标注、粗糙度标注、焊接符号标注及剖切符号标注等都各具特色。

6.1 标注风格

CAXA 电子图板与 AutoCAD 一样,在进行尺寸标注前都要进行尺寸标注的风格设置,CAXA 电子图板的标注风格设置与 AutoCAD 相似,但是没有 AutoCAD 那么繁琐、复杂,相比之下更加简捷,便于掌握。

选择"格式"|"标注风格"菜单项,弹出如图 6-1 所示的"标注风格"对话框。该对话框与 AutoCAD 中的"标注样式管理器"对话框相似,图中显示的为系统默认设置,用户也可以重新设定和编辑标注风格。

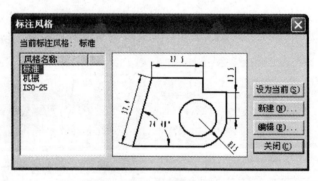

图 6-1 "标注风格"对话框

对话框中的按钮功能是:

"设为当前" 将所选的标注风格设置为当前使用风格。

"新建" 建立新的标注风格。

第 6 章　工程标注

"编辑"　对原有的标注风格进行属性编辑。

单击"新建"或"编辑"按钮,可以进入如图 6-2 所示的"新建风格"对话框。根据该对话框提供的"直线和箭头"、"文本"、"调整"、"单位和精度相关"等选项卡可对标注风格进行修改。

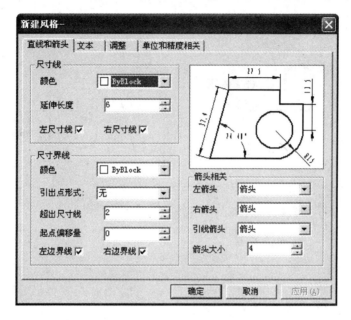

图 6-2　"新建风格"对话框

1. "直线和箭头"选项卡

"直线和箭头"选项卡可以对尺寸线、尺寸界线及箭头进行颜色和风格的设置。其中:

"尺寸线"区域　主要设置尺寸线的颜色以及尺寸线的延伸长度与显示。图 6-3 所示为尺寸线参数的图例。

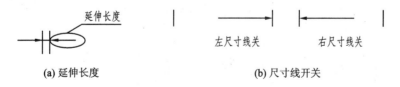

图 6-3　尺寸线参数图例

"尺寸界线"区域　主要设置尺寸界线的颜色、引出点形式、超出尺寸线、起点偏移量以及左右边界线的显示。

"箭头相关"区域　可以设置尺寸箭头的大小与样式。默认样式为"箭头",软件还提供了"斜线"、"圆点"的样式选择。

2. "文本"选项卡

"文本"选项卡可以设置文本风格及与尺寸线的参数关系,如图 6-4 所示。

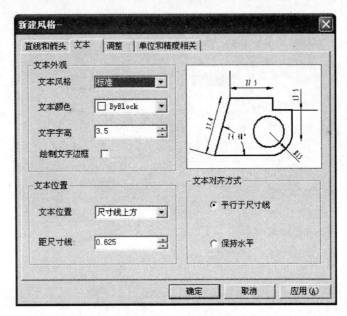

图 6-4 "文本"选项卡

其中:

"文本外观"区域　　主要设置标注文本的各种属性,如文本风格、文本颜色等。

"文本位置"区域　　主要设置标注文本的位置以及具体的尺寸距离,如图 6-5 所示。

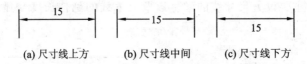

(a) 尺寸线上方　　(b) 尺寸线中间　　(c) 尺寸线下方

图 6-5 文本位置示例图

"文本对齐方式"区域　　主要设置文字的对齐方式。

3. "调整"选项卡

"调整"选项卡主要控制标注文字、箭头、引线和尺寸线的放置,将其位置关系设置为效果最佳,与 AutoCAD 中的"调整"选项卡功能相似,如图 6-6 所示。其中:

"调整选项"区域　　控制基于尺寸界线之间可用空间的文字和箭头的位置。

"文本位置"区域　　设置标注文字从默认位置移动时标注文字的位置。

图 6-6 "调整"选项卡

"比例"区域　按输入的比例值放大或缩小标注的文字和箭头。

4. "单位和精度相关"选项卡

"单位和精度相关"选项卡设置主标注单位的格式和精度,并设置标注文字的前缀和后缀,如图 6-7 所示。

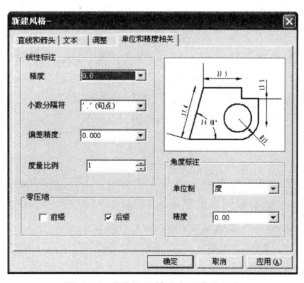

图 6-7 "单位和精度相关"选项卡

其中：

"线性标注"区域　主要设置线性标注的各种精度以及显示单位。

"零压缩"区域　设置尺寸标注中小数的前后消"0"。例如，尺寸值为 0.901，精度为 0.00，选中"前缀"，则标注结果为 0.90；选中"后缀"，则标注结果为 0.9。

"角度标注"区域　设置角度标注的精度以及显示单位。

6.2　尺寸类标注

尺寸标注是进行尺寸类标注的主体命令，尺寸的类型与形式很多，CAXA 电子图板可以随拾取图形元素的不同，自动按实体的类型进行尺寸标注。而 AutoCAD 则需要根据不同的标注对象选择不同的标注命令，这样就大大降低了工作效率。

6.2.1　"尺寸标注"命令

CAXA 电子图板中的"尺寸标注"命令是进行图形尺寸标注的主要手段，由于尺寸类型与形式的多样性，系统在本命令执行过程中提供智能判别。其功能特点如下：

① 根据拾取元素的不同，自动标注相应的线性尺寸、直径尺寸、半径尺寸或角度尺寸。

② 根据立即菜单的条件由用户选择基本尺寸、基准尺寸、连续尺寸或尺寸线方向。

③ 尺寸文字可采用拖动定位。

④ 尺寸数值可采用测量值或者直接输入。

选择"标注"|"尺寸标注"菜单项，或者单击"标注工具"工具条中的"尺寸标注"工具按钮，弹出立即菜单。在"尺寸标注"命令立即菜单的"1："中可以看到，该命令提供了 10 种标注方法，如"基本标注"、"基准标注"和"连续标注"等普通标注方式，也有"半标注"、"大圆弧标注"、"射线标注"和"锥度标注"等特殊标注方法，如图 6-8 所示。

图 6-8　立即菜单

1. 基本标注

"基本标注"是 CAXA 电子图板中使用最多的标注方法，其多样性及灵活性是 CAXA 电子图板中的一大亮点。根据拾取元素的不同，自动标注相应的线性尺寸、直径尺寸、半径尺寸或角度尺寸，其下方的立即菜单选项也会作出相应的改变。

(1) 直线的标注

当提示区出现"拾取标注元素"时，拾取要标注的直线，则出现图 6-9 所示的立即菜单。

通过选择不同的立即菜单选项，可标注直线的长度、直径和与坐标轴的夹角，如图 6-10

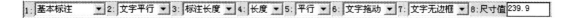

图 6-9 立即菜单

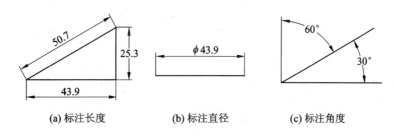

(a) 标注长度　　　　(b) 标注直径　　　　(c) 标注角度

图 6-10 直线标注图例

所示。

直线长度的标注　当立即菜单"3:"中选择"标注长度","4:"中选择"长度"时,标注的即为直线的长度。

当在立即菜单的"5:"中选择"正交"时,标注该直线沿水平方向的长度或沿垂直方向的长度;切换为"平行"时,标注该直线的长度。

当在立即菜单的"2:"中选择"文字平行"时,标注的尺寸文字与尺寸线平行;当选择"文字水平"时,标注的尺寸文字方向水平。

当在立即菜单的"6:"中尺寸值编辑框中显示默认尺寸值时,也可以用键盘输入尺寸值。

直线直径的标注　当在立即菜单的"4:"中切换为"直径"时,即标注直径。其标注方式与长度基本相同,区别在于在尺寸值前加前缀"ϕ"。

直线与坐标轴夹角的标注　将立即菜单的"3:"切换为"标注角度",此时标注的即为直线与坐标轴的角度。立即菜单如图 6-11 所示。切换立即菜单的"4:"可标注直线与 X 轴的夹角或与 Y 轴的夹角,角度尺寸的顶点为直线靠近拾取点的端点。

图 6-11 立即菜单

尺寸线和尺寸文字的位置,可用光标拖动确定,如尺寸文字在尺寸界线之内,则自动居中;如尺寸文字在尺寸界线之外,则由"标注点"的位置确定。

(2) 圆的标注

当提示区出现"拾取标注元素"时,拾取要标注的圆,则出现图 6-12 所示的立即菜单。

图 6-12 立即菜单

立即菜单的"3:"有 3 个选项:"直径"、"半径"和"圆周直径"。这是标注圆的 3 种方式,如图 6-13 所示。

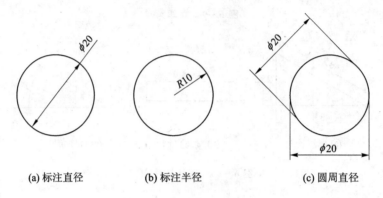

(a) 标注直径　　　　(b) 标注半径　　　　(c) 圆周直径

图 6-13　圆的标注图例

在标注"直径"或"圆周直径"尺寸时,尺寸数值自动带前缀"φ";在标注"半径"尺寸时,尺寸数值自动带前缀"R"。

当选择"圆周直径"时,立即菜单的"4:"有两个选项:"正交"和"平行"。选择"正交"时,尺寸界线与水平轴或铅锤轴平行;选择"平行"时,立即菜单中增加了一项"旋转角",用来指定尺寸线倾斜角度。

尺寸线和尺寸文字的标注位置,随"标注点"动态确定。

(3) 圆弧的标注

当提示区出现"拾取标注元素"时,拾取要标注的圆弧,则出现图 6-14 所示的立即菜单。

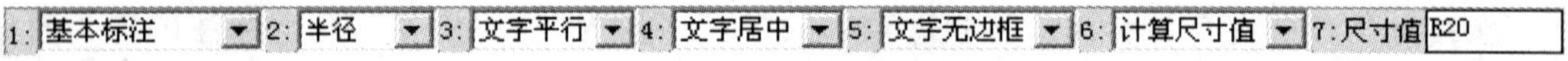

| 1: 基本标注 ▼ | 2: 半径 ▼ | 3: 文字平行 ▼ | 4: 文字居中 ▼ | 5: 文字无边框 ▼ | 6: 计算尺寸值 ▼ | 7: 尺寸值 R20 |

图 6-14　立即菜单

立即菜单的"2:"有 5 个选项:"半径"、"直径"、"圆心角"、"弦长"和"弧长"。这是标注圆弧的 5 种方式,如图 6-15 所示。

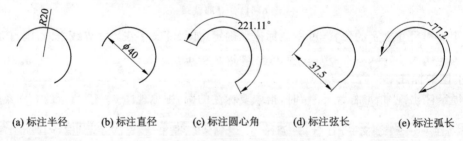

(a) 标注半径　　(b) 标注直径　　(c) 标注圆心角　　(d) 标注弦长　　(e) 标注弧长

图 6-15　圆弧的标注图例

在标注"直径"时,尺寸数值自动带前缀"ϕ";在标注"半径"尺寸时,尺寸数值自动带前缀"R";在标注"圆心角"时,尺寸数值后自动带后缀"°"。

尺寸线和尺寸文字的标注位置,随"标注点"动态确定。

(4) 点和点的标注

分别拾取点和点(屏幕点、几何关系点),标注两点之间的距离。立即菜单如图 6-16 所示。

| 1:基本标注 ▼ | 2:文字平行 ▼ | 3:长度 ▼ | 4:正交 ▼ | 5:文字居中 ▼ | 6:文字无边框 ▼ | 7:尺寸值 58.2 |

图 6-16 立即菜单

在立即菜单的"4:"中选择"正交"、"平行",可标出水平方向、铅锤方向或沿两点连线方向的尺寸。

(5) 点和直线的标注

分别拾取点和直线,标注点到直线的距离。立即菜单如图 6-17 所示。

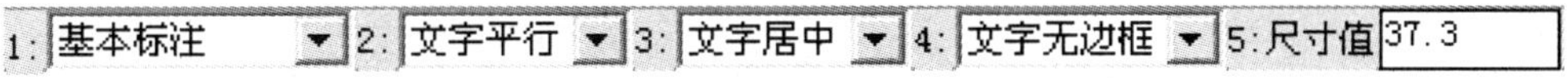

| 1:基本标注 ▼ | 2:文字平行 ▼ | 3:文字居中 ▼ | 4:文字无边框 ▼ | 5:尺寸值 37.3 |

图 6-17 立即菜单

尺寸线和尺寸文字的标注位置,随"标注点"动态确定。

(6) 点和圆(或点和圆弧)的标注

分别拾取点和圆(或圆弧),标注点到圆心的距离。立即菜单与点和点的标注相同。

注 意 如果先拾取点,则点可以是任意点(屏幕点、几何关系点);如果先拾取圆(或圆弧),则点不能是屏幕点。

(7) 圆和圆(或圆和圆弧、圆弧和圆弧)的标注

分别拾取圆和圆(或圆和圆弧,圆弧和圆弧),标注两个圆心之间的距离。立即菜单与点和点的标注相同。

(8) 直线和圆(或圆弧)的标注

分别拾取直线和圆(或圆弧),标注圆(或圆弧)的圆心(或切点)到直线的距离。立即菜单如图 6-18 所示。

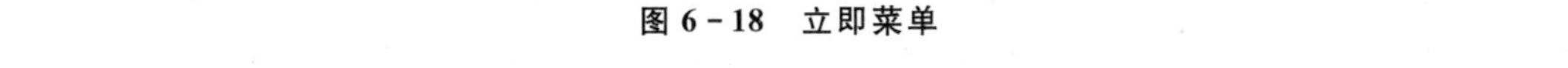

| 1:基本标注 ▼ | 2:文字平行 ▼ | 3:圆心 ▼ | 4:文字居中 ▼ | 5:文字无边框 ▼ | 6:尺寸值 52.8 |

图 6-18 立即菜单

立即菜单的"3:"有两个选项:"圆心"和"切点"。选择"圆心"时,标注圆周到直线的最短距离;选择"切点"时,标注切点到直线的距离。

(9) 直线和直线的标注

拾取两条直线,根据两直线的相对位置关系,系统将自动标注两直线的距离或夹角。如果两直线平行,标注两直线间的长度或对应的直径。立即菜单如图6-19所示。

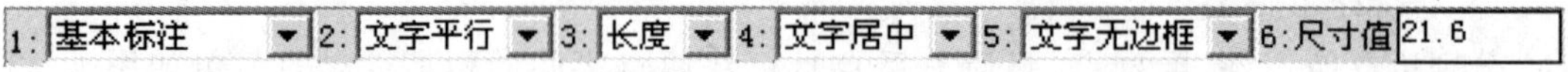

| 1:基本标注 ▼ | 2:文字平行 ▼ | 3:长度 ▼ | 4:文字居中 ▼ | 5:文字无边框 ▼ | 6:尺寸值 21.6 |

图6-19 立即菜单

如果两直线不平行,标注两直线间的夹角。立即菜单如图6-20所示。

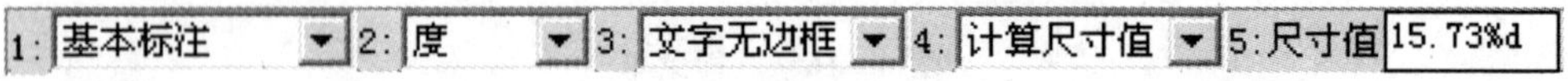

| 1:基本标注 ▼ | 2:度 ▼ | 3:文字无边框 ▼ | 4:计算尺寸值 ▼ | 5:尺寸值 15.73%d |

图6-20 立即菜单

图6-21为拾取各种不同元素的标注图例。

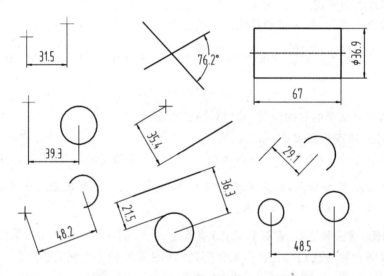

图6-21 拾取不同元素的标注实例

2. 基准标注

操作步骤

① 单击"标注工具"工具条中的"尺寸标注"工具按钮,将立即菜单的"1:"切换为"基准标注"。立即菜单如图6-22所示。

② 选择已标注的线性尺寸。选择一个已标注的线性尺寸,则该线性尺寸就作为"基准尺寸"中的第一基准,并按拾取点的位置确定尺寸基准界线。此时可标注后续基准尺寸,相应的立即菜单如图6-23所示。

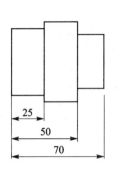 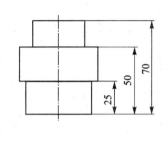 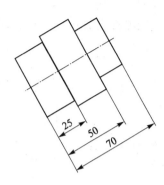

图 6-22 基准标注图例

图 6-23 立即菜单

立即菜单各项的含义：

"2:" 控制尺寸文字的方向,即"文字平行"和"文字水平"。

"4:尺寸线偏移" 指尺寸线间距,默认为 10 mm,可以修改。

"5:尺寸值" 默认为实际测量值,用户可以输入。

③ 给定第二引出点后,系统重复提示:"第二引出点",通过反复拾取适当的"第二引出点",即可标注出一组"基准尺寸"。

④ 拾取引出点。如拾取一个第一引出点,则此引出点为尺寸基准界线的引出点,系统提示:"拾取另一个引出点",拾取另一个引出点后,立即菜单如图 6-24 所示。

图 6-24 立即菜单

3. 连续标注

"连续尺寸"标注是指上一个尺寸结束后其终点尺寸界限为下一个尺寸标注的起始尺寸界线,如图 6-25 所示。

操作步骤

① 单击"标注工具"工具条中的"尺寸标注"工具按钮,切换立即菜单的"1:"为"连续标注"。

② 拾取一个已标注的线性尺寸。如拾取一个已标注的线性尺寸,则该线性尺寸就作为

"连续尺寸"中的基准尺寸,并按拾取点的位置确定尺寸基准界线,沿另一方向可标注后续的连续尺寸,此时相应的立即菜单如图 6-26 所示。

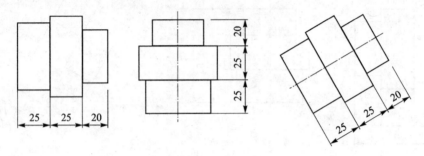

图 6-25　连续标注图例

图 6-26　立即菜单

③ 给定第二引出点后,系统重复提示:"第二引出点",通过反复拾取适当的"第二引出点",即可标注出一组"连续尺寸"。

④ 拾取引出点。如拾取一个第一引出点,则此引出点为尺寸基准界线的引出点,系统提示:"拾取第二引出点",拾取第二引出点后,立即菜单如图 6-27 所示。

图 6-27　立即菜单

⑤ 用户可以标注两个引出点间的 X 轴方向、Y 轴方向或沿二点方向的"连续尺寸"中的第一尺寸,系统重复提示:"第二引出点"。

4. 三点角度

三点角度尺寸标注就是标注三个点之间的角度,按系统提示依次选择顶点、第一点、第二点以及标注文字的位置点即可生成三点角度尺寸。

操作步骤

① 单击"标注工具"工具条中的"尺寸标注"工具按钮，切换立即菜单的"1:"为"三点角度",立即菜单如图 6-28 所示。

图 6-28　立即菜单

② 在立即菜单的"2:"中可以设置尺寸文字的标注形式,即度、度分秒,如图 6-29 所示。

5. 半标注

半标注用于标注图纸中只绘制处一半长度（宽度）的全尺寸，如图 6-30 所示。

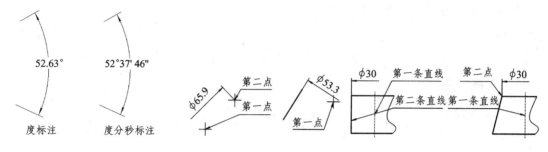

图 6-29 标注形式　　　　　图 6-30 半标注图例

操作步骤

① 单击"标注工具"工具条中的"尺寸标注"工具按钮，切换立即菜单的"1:"为"半标注"，立即菜单如图 6-31 所示。

图 6-31 立即菜单

② 拾取直线或第一点。如果拾取到一条直线，系统提示："拾取与第一条直线平行的直线或第二点"；如果拾取到一个点，系统提示："拾取直线或第二点"。

③ 拾取第二点或直线。如果两次拾取的都是点，第一点到第二点距离的 2 倍为尺寸值；如果拾取的为点和直线，点到被拾取直线的垂直距离的 2 倍为尺寸值；如果拾取的是两条平行的直线，两直线之间距离的 2 倍为尺寸值。尺寸值的测量值在立即菜单中显示，用户也可以输入数值。输入第二个元素后，系统提示："尺寸线位置"。

④ 确定尺寸线位置。用光标拖动尺寸线。在适当位置确定尺寸线位置后，即完成标注。

在立即菜单中可以选择直径标注、长度标注并可以给出尺寸线的延伸长度。

需要说明的是，半标注的尺寸界线引出点总是从第二次拾取元素上引出。尺寸线箭头指向尺寸界线。

6. 大圆弧标注

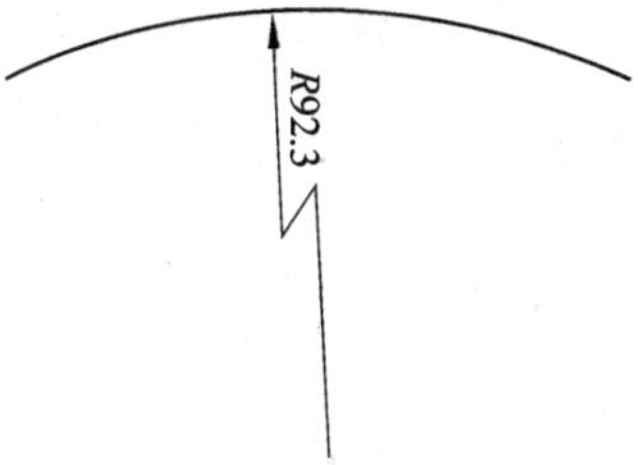

大圆弧标注主要是用于直径或半径较大且没有出现圆心的圆弧的标注，如图 6-32 所示。

操作步骤

① 单击"标注工具"工具条中的"尺寸标注"工具按钮，

图 6-32 大圆弧标注

切换立即菜单的"1:"为"大圆弧标注"。

② 拾取圆弧之后,圆弧的尺寸值在立即菜单中显示。用户也可以在立即菜单的"3:尺寸值"中输入尺寸值。

③ 指定第一折线点和第二折线点。

④ 指定定位点。依次指定"第一引出点"、"第二引出点"和"定位点"后,即完成大圆弧标注。

7. 射线标注

射线标注就是在带有箭头的射线上标注出射线段两点之间的长度,如图 6-33 所示。

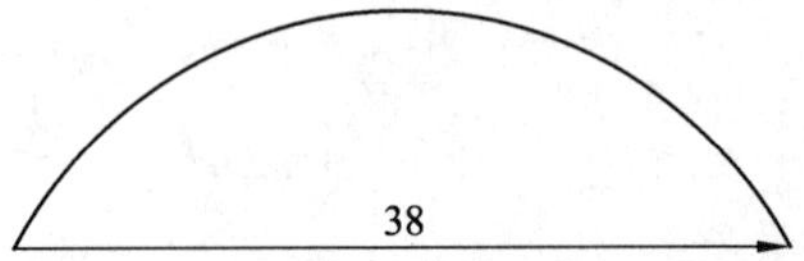

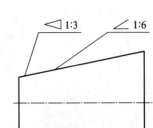

图 6-33 射线标注

操作步骤

① 单击"标注工具"工具条中的"尺寸标注"工具按钮,切换立即菜单的"1:"为"射线标注"。

② 指定第一点后,系统提示:"第二点"。

③ 指定第二点后,立即菜单变为:尺寸值默认为第一点到第二点的距离。也可以在立即菜单的"4:输入尺寸"中输入尺寸值。

④ 指定定位点。拖动尺寸线,在适当位置指定文字定位点即完成射线标注。

8. 锥度标注

锥度标注用于标注带锥度轴的锥度,如图 6-34 所示。

图 6-34 锥度标注图例

操作步骤

① 单击"标注工具"工具条中的"尺寸标注"工具按钮,切换立即菜单的"1:"为"锥度标注",立即菜单如图 6-35 所示。

| 1:锥度标注 | 2:锥度 | 3:正向 | 4:加引线 | 5:文字无边框 | 6:尺寸值 计算值 |

图 6-35 立即菜单

② 拾取轴线后,系统提示:"拾取直线"。拾取直线后,在立即菜单中显示默认尺寸值。用户也可以输入尺寸值。系统提示:"定位点"。

③ 输入定位点。用光标拖动尺寸线,在适当位置输入文字定位点即完成锥度标注。立即菜单各项含义:

"2:" 设置锥度、斜度注视。

"3:" 用来调整锥度或斜度符号的方向即:正向或反向。

第6章 工程标注

"4:" 控制是否加引线。

9. 曲率半径标注

曲率半径标注是对曲线的曲率进行标注,它主要的标注对象是样条线。

操作步骤

① 单击"标注工具"工具条中的"尺寸标注"工具按钮,切换立即菜单的"1:"为"曲率半径标注",立即菜单如图6-36所示。

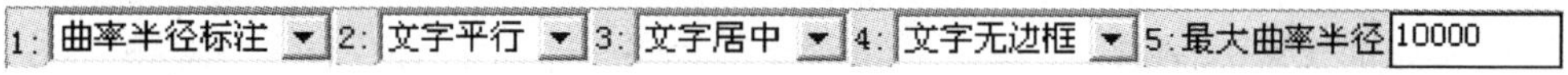

```
1:曲率半径标注 ▼ 2:文字平行 ▼ 3:文字居中 ▼ 4:文字无边框 ▼ 5:最大曲率半径 10000
```

图6-36 立即菜单

② 在立即菜单的"2:"中选择"文字水平"或者"文字平行"。
③ 在立即菜单的"3:"中选择"文字居中"或者"文字拖动"。
④ 系统提示:"拾取标注元素",拾取要标注的样条线。
⑤ 给出标注线位置,样条线曲率半径标注完成。

6.2.2 "坐标标注"命令

"坐标标注"用于标注坐标原点,选定点或圆心(孔位)的坐标值尺寸。它包括:"原点标注"、"快速标注"、"自由标注"、"对齐标注"、"孔位标注"、"引出标注"和"自动列表"7种类型。

单击"标注工具"工具条中的"坐标标注"工具按钮,出现如图6-37所示的立即菜单。

```
1:原点标注 ▼ 2:尺寸线双向 ▼ 3:文字双向 ▼ 4:X 轴偏移 0    5:Y 轴偏移 0
```

图6-37 立即菜单

1. 原点标注

"原点标注" 标注当前坐标系原点的 X 坐标值和 Y 坐标值,如图6-38所示。

操作步骤

① 单击"标注工具"工具条中的"坐标标注"工具按钮,系统进入"原点标注"的状态,立即菜单及系统提示如图6-39所示。

② 输入第二点或长度。尺寸线从原点出发,用第二点确定标注尺寸文字的定位点,这个定位点也可以通过输入"长度"数值来确定。

③ "原点标注"格式用立即菜单中的选项来选定。立即菜单各选项的含义如下:

"2:" 选择尺寸双向还是单向。

153

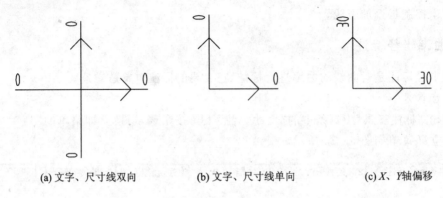

(a) 文字、尺寸线双向　　　　(b) 文字、尺寸线单向　　　　(c) X、Y 轴偏移

图 6-38　原点标注图例

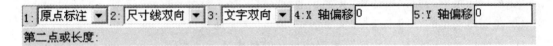

图 6-39　立即菜单及系统提示

"3:"　选择文字双向还是单向。

"4:X 轴偏移"、"5:Y 轴偏移"　输入 X 轴和 Y 轴的偏移。

2. 快速标注

"快速标注"　用于标注当前坐标系下任一"标注点"的 X 坐标值或 Y 坐标值,标注格式由立即菜单给定,用户只需输入标注点,就能完成标注。图 6-40 所示为快速标注图例。

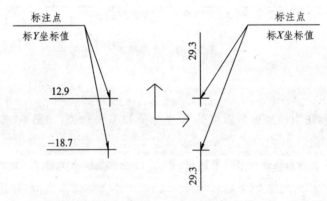

图 6-40　快速标注图例

操作步骤

① 单击"标注工具"工具条中的"坐标标注"工具按钮,切换立即菜单的"1:"到"快速标

注"，立即菜单及系统提示如图 6-41 所示。

图 6-41　立即菜单及系统提示

② 给出标注点后，即可快速标注出相应的坐标值。标注格式由立即菜单选项控制。立即菜单各选项的含义如下：

"2："　在尺寸值等于"计算值"时，选"正负号"，则所标注的尺寸值取实际值（如果是负数保留负号）；如选"正号"，则所标注的尺寸值取绝对值。

"3："　控制是标注 Y 坐标值还是标注 X 坐标值。

"4：延伸长度"　控制尺寸线的长度。也可以按 Alt＋4 从键盘输入数值。

"5：尺寸值"　如果立即菜单的"3："为"Y 坐标"时，默认尺寸值为标注点的 Y 坐标值；否则为标注点的 X 坐标值。也可以用组合键 Alt＋5 输入尺寸值，此时正负号控制不起作用。

3. 自由标注

"自由标注"　用于标注当前坐标系下任一"标注点"的 X 坐标值或 Y 坐标值，标注格式由用户给定。图 6-42 所示为自由标注图例。

操作步骤

① 单击"标注工具"工具条中的"坐标标注"工具按钮，切换立即菜单的"1："到"自由标注"，立即菜单及系统提示如图 6-43 所示。

② 给定标注点。给定标注点后，在立即菜单中显示标注点的 X 坐标值或 Y 坐标值（由拖动点确定是 X 坐标值或是 Y 坐标值）。系统接着提示："定位点"。

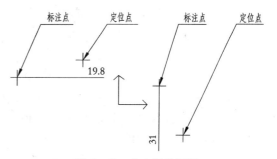

图 6-42　自由标注图例

图 6-43　立即菜单及系统提示

③ 给定定位点。用光标拖动尺寸线方向（X 轴或 Y 轴方向）及尺寸线长度，在合适位置单击。定位点也可以用其他点输入方式给定（如键盘、工具点等）。立即菜单各选项的含义：

"2："　选择"正负号"，则所标注的尺寸值取实际值（如果是负数保留负号）；如选"正号"，则所标注的尺寸值取绝对值。

"3：尺寸值"　默认为标注点的 X 坐标值或 Y 坐标值。用户也可以用组合键 Alt＋3 输入尺寸值，此时正负号控制不起作用。

4. 对齐标注

"对齐标注" 一组以第一个坐标标注为基准，尺寸线平行，尺寸文字对齐的标注。图6-44所示为对齐标注图例。

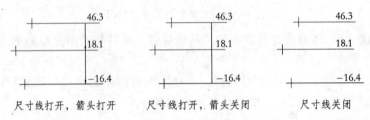

图6-45 对齐标注图例

操作步骤

① 单击"标注工具"工具条中的"坐标标注"工具按钮，切换立即菜单到"对齐标注"，立即菜单及系统提示如图6-45所示。

图6-45 立即菜单及系统提示

② 标注第一个坐标尺寸后，对后继的坐标尺寸，出现提示："标注点"。用户选定一系列标注点，即可完成一组尺寸文字对齐的坐标标注。

③ "对齐标注"格式由立即菜单各选项确定。当立即菜单的"3:"选择"尺寸线打开"时，立即菜单中增加了一项"箭头关闭/箭头打开"，如图6-46所示。

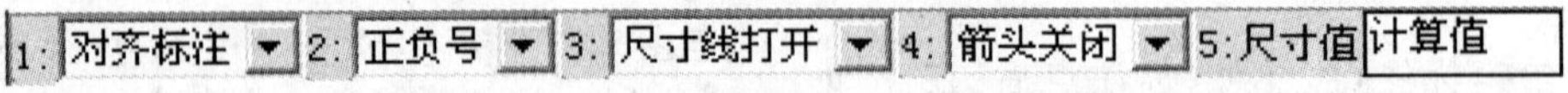

图6-46 立即菜单

立即菜单各选项的含义：

"3:" 控制在对齐标注下是否要画出尺寸线。

"4:" 此项只有尺寸线处于打开状态下时才出现，控制尺寸线一端是否要画出箭头。

"5:尺寸值" 默认为标注点坐标值。也可以用组合键 Alt+4（当尺寸线关闭时）或 Alt+5（当尺寸线打开时）输入尺寸值，此时正负号控制不起作用。

5. 孔位标注

"孔位标注"为标注圆心或点的 X、Y 坐标值。图6-47所示为孔位标注图例。

第 6 章 工程标注

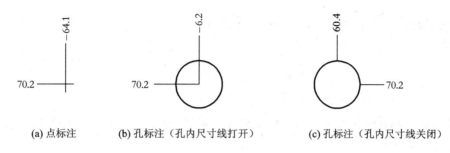

(a) 点标注　　　(b) 孔标注（孔内尺寸线打开）　　　(c) 孔标注（孔内尺寸线关闭）

图 6-47　孔位标注图例

操作步骤

① 单击"标注工具"工具条中的"坐标标注"工具按钮，切换立即菜单的"1:"到"孔位标注"，立即菜单及系统提示如图 6-48 所示。

图 6-48　立即菜单及系统提示

② 根据提示拾取圆或点后，标注圆心或一个点的 X、Y 坐标值。立即菜单各选项的含义如下：

"3:" 控制孔内尺寸线打开或关闭：标注圆心坐标时，控制位于圆内的尺寸界线是否画出。

"4:X 延伸长度"、"5:Y 延伸长度" 控制沿 X、Y 坐标轴方向，尺寸界线延伸出圆外的长度或尺寸界线自标注点延伸的长度，默认值为 3 mm，可以修改。

6. 引出标注

当坐标标注中尺寸线或文字过于密集时，将数值标注引出来的标注。图 6-49 所示为引出标注图例。

(a) 自动打折　　　　　　　　　　(b) 手动打折

图 6-49　引出标注图例

操作步骤

① 单击"标注工具"工具条中的"坐标标注"工具按钮，切换立即菜单的"1:"到"引出标注"，立即菜单及系统提示如图 6-50 所示。

图 6-50 立即菜单及系统提示

"引出标注"分两种标注方式:"自动打折"和"手工打折"。

  自动打折 按系统提示依次输入标注点和定位点,即完成标注。标注格式由立即菜单选项控制。

立即菜单各选项的含义如下:

"3:" 用来切换引出标注的标注方式;

"4:" 控制转折线的方向;

"5:L" 控制第一条转折线的长度;

"6:H" 控制第二条转折线的长度。

"手工打折" 切换立即菜单的"3:"为"手工打折",立即菜单及系统提示如图6-51所示。

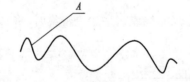

图 6-51 立即菜单及系统提示

② 按系统提示依次输入标注点、第一引出点、第二引出点和定位点,即完成标注。

7. 自动列表

"自动列表"指以表格的方式列出标注点、圆心或样条插值点的坐标值。图 6-52 所示为自动列表图例。

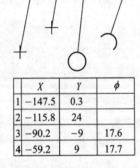

	X	Y	φ
1	-147.5	0.3	
2	-115.8	24	
3	-90.2	-9	17.6
4	-59.2	9	17.7

	X	Y
1	7.5	21.3
2	14.3	34.4
3	24.3	13.8
4	44.2	35.6

	X	Y
5	77.2	2.6
6	125.7	30
7	150.6	2
8	156.8	13.8
9	163.1	9.5

(a) 点或圆(弧)的标注   (b) 样条的标注

图 6-52 自动列表图例

操作步骤

单击"标注工具"工具条中的"坐标标注"工具按钮，切换立即菜单的"1："到"自动列表"，立即菜单及系统提示如图 6-53 所示。

图 6-53 立即菜单及系统提示

(1) 样条插值点坐标的标注

① 如果输入第一个标注点时，拾取到样条，立即菜单及系统提示如图 6-54 所示。

图 6-54 立即菜单及系统提示

立即菜单各项的含义：

"3：" 控制从拾取点到符号之间是否加引出线。

"4：符号" 添加引出线上的标记。默认为 A，用户可以用组合键 Alt+4 输入所需符号。

② 输入序号插入点后，立即菜单如图 6-55 所示。

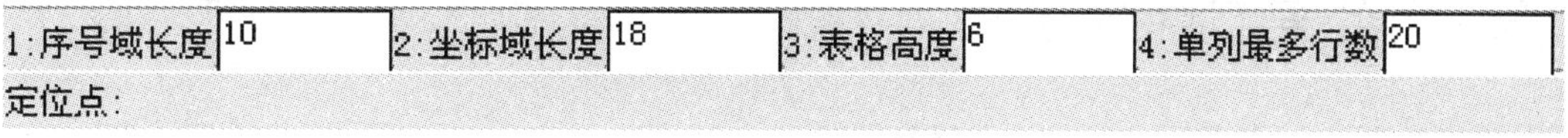

图 6-55 立即菜单

③ 输入定位点后，即完成标注。（如果表格总行数大于立即菜单中设定的行数，则需要分别输入每个表格的定位点。）

(2) 点及圆心坐标的标注

① 拾取标注点或拾取圆（圆弧）后，系统提示："序号插入点"。

② 输入序号插入点后，系统重复提示"输入标注点或拾取圆（弧）"。

③ 输入一系列标注点后，右击或按 Enter 键，以下操作步骤与拾取样条时相同，只是在输出表格时，如果有圆（或圆弧），表格中增加一列直径"ϕ"。

6.2.3 倒角标注

使用 CAXA 电子图板中的"倒角标注"功能可以直接标注直线的倒角尺寸，图 6-56 所示为倒角标注图例。

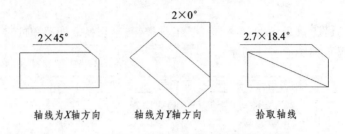

图 6-56 倒角标注图例

操作步骤

① 单击"标注工具"工具条中的"倒角标注"工具按钮。提示区出现:"拾取倒角线"。

② 通过修改下拉列表框中的选项,即可选择倒角线的轴线与 X 轴或 Y 轴平行,还可以自定义轴线。

③ 拾取一段倒角后,弹出立即菜单如图 6-57 所示。在立即菜单中显示出该直线的标注值,也可以用组合键 Alt+1 输入标注值。

图 6-57 立即菜单

④ 输入尺寸线位置。输入尺寸线位置点后,系统即沿该线段引出标注线,标注出倒角尺寸。

6.2.4 公差与配合标注

对于绘制机械工程图来说,尺寸公差标注是必不可少的,AutoCAD 在标注尺寸公差时需要在"修改标注样式"对话框中的"公差"选项卡中进行详细设置,这样使得图形的所有尺寸标注文字都以公差的形式显示,如图 6-58 所示。如果想使单个尺寸以公差的形式显示则需要在"特性"对话框中逐个调整,极为不便。CAXA 电子图板在标注公差与配合时极为方便快

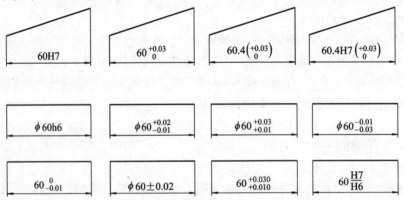

图 6-58 尺寸公差标注图例

捷,只要在标注尺寸的同时调出"尺寸标注公差与配合查询"对话框,即可标注尺寸公差以及配合代号。

1. 公差标注

在尺寸标注时,右击,弹出"尺寸标注公差与配合查询"对话框,如图 6-59 所示。

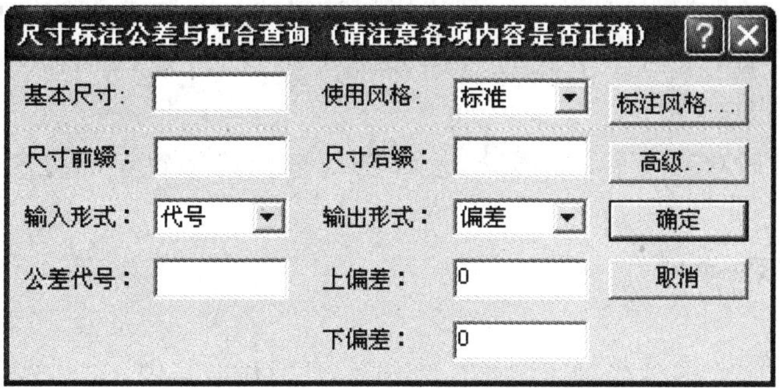

图 6-59 "尺寸标注公差与配合查询"对话框

"基本尺寸" 默认为实际测量值,可以输入数值。

"输入形式" 此下拉列表框的输入形式有 3 种选项,分别为"代号"、"偏差"和"配合",用来控制公差的输入方式。当"输入形式"为"代号"时,系统根据在"代号"文本框中输入的代号名称自动查询上下偏差,并将查询结果在"上偏差"和"下偏差"文本框中显示;当为"偏差"时,由用户输入偏差值。

"上偏差" 当"输入形式"为"代号"时,在此文本框中显示查询到的上偏差值。也可以在此文本框中输入上偏差值。

"下偏差" 当"输入形式"为"代号"时,在此文本框中显示查询到的下偏差值。也可以在此文档框中输入下偏差值。

"输出形式" 输出形式有 4 种选项,分别为"代号"、"偏差"、"(偏差)"和"代号(偏差)",用来控制公差的输出方式("输入形式"为"配合"时除外)。当"输出形式"为"代号"时,标注时标代号,如 $\phi 50K6$;当为"偏差"时,标注时标偏差,如 $\phi 50^{+0.003}_{-0.013}$;当为"(偏差)"时,标注时偏差值用 "()"号括起来,如 $\phi 50 \left(^{+0.003}_{-0.013} \right)$;当为"代号(偏差)"时,标注时代号和偏差都标,如 $\phi 50K6 \left(^{+0.003}_{-0.013} \right)$。

在尺寸标注或尺寸编辑中,当立即菜单中出现"尺寸值=xxx"项时,选择该选项,在输入框中输入表示尺寸公差的特殊字符同样可以实现公差标注。

(1) 特殊符号的输入

在尺寸值输入中,一些特殊符号,如直径符号"ϕ"(可用动态键盘输入),角度符号"°",公差的上下偏差值等,可通过 CAXA 电子图板 2005 规定的前缀和后缀符号来实现。

直径符号　用%c表示，例如：输入%c40，则标注为φ40。

角度符号　用%d表示，例如：输入30%d，则标注为30°。

公差符号"±"　用%p表示，例如：输入50%p0.5，则标注为50±0.5，偏差值的字高与尺寸值字高相同。

上、下偏差值　格式为%加上偏差值加%加下偏差值再加%b，偏差值必须带符号，偏差为零时省略，系统自动把偏差值的字高，选用比尺寸值字高小一号，并且自动判别上、下偏差，自动布置其书写位置，使标注格式符合国家标准的规定。例如：输入 50%＋0.003%－0.013%b，则标注为 $50^{+0.003}_{-0.013}$。

上、下偏差值后的后缀　后缀为%b，系统自动把后续字符字高恢复为尺寸值的字高来标注。

(2) 尺寸公差标注举例

只标注公差代号：

例如输入：50K6，φ50K6，φ50H6，50G6，φ50K6，φ50H6。其中，输入φ时，要输入%c等。

只标注上、下偏差：

$50^{+0.003}_{-0.013}$ 应输入 50%＋0.003%－0.013%b；

$φ50^{+0.003}_{-0.013}$ 应输入 %c50%＋0.003%－0.013%b；

$φ50^{+0.016}_{0}$ 应输入 %c50%＋0.016%b。

标注（偏差）：

$50(^{+0.013}_{-0.013})$ 应输入 50(%＋0.003%－0.013%b)；

$50(^{-0.009}_{-0.025})$ 应输入 50(%－0.009%－0.025%b)；

$φ50(^{0}_{-0.016})$ 应输入 %c50(%－0.016%b)。

同时标注公差代号及上、下偏差：

$50K6(^{+0.013}_{-0.013})$ 应输入 50K6(%＋0.003%－0.013%b)；

$50G6(^{-0.009}_{-0.025})$ 应输入 50G6(%－0.009%－0.025%b)；

$φ50H6(^{0}_{-0.016})$ 应输入 %c50h6(%－0.016%b)。

2. 配合标注

在"输入"形式的下拉列表框中选择"配合"，此时在"尺寸标注公差与配合查询"对话框的下方出现了"配合制"、"公差带"、"配合方式"3 个区域，如图 6-60 所示。

其中：

"配合制"　设置配合制度即"基孔制"或"基轴制"。

"公差带"　在"孔公差带"和"轴公差带"中选择需要标注的公差带符号。

"配合方式"　选择配合方式即"间隙配合"、"过盈配合"和"过渡配合"。

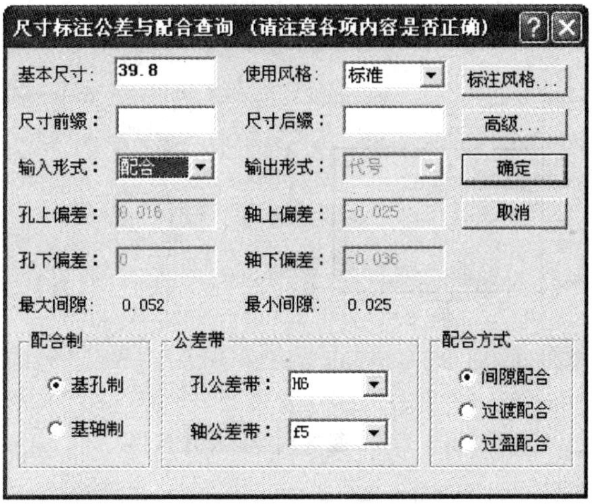

第 6 章　工程标注

图 6-60　"尺寸标注公差与配合查询"对话框

另外，配合标注同样可以在立即菜单中直接通过输入标注文字来实现。例如 $\phi 50 \frac{H7}{h6}$ 应输入％c50％&H7/h6％b。

单击"尺寸标注公差与配合查询"对话框中的"高级"按钮，系统弹出"公差配合可视化查询"对话框。

6.3　工程符号类标注

工程符号类标注是机械工程图纸中必不可少的一项标注内容。它反映了加工实体的一些技术性要求，包括形位公差、表面粗糙度及焊接符号等内容。在 AutoCAD 中没有这些专用工具，只能直接绘制，或者定义为块插入到图形中。在 CAXA 电子图板中设置了专门标注工程符号的工具，可直接根据用户的设计要求进行标注。

6.3.1　基准代号

用于标注形位公差中的基准部位的代号。基准代号的名称可以是两个字符或一个汉字。图 6-61 所示为基准代号标注实例。

操作步骤

① 单击"标注工具"工具条中的"基准代号"工具按钮，弹出如图 6-62 所示的立即菜单。单击立即菜单的"4：基准名称"后可以输入所需的基准代号名称，注意字母只能是大写。

② 拾取定位点或直线或圆弧。如果拾取的是定位点，系统提示："输入角度或由屏幕上确

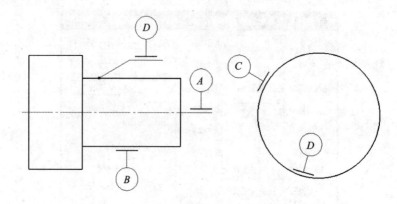

图 6-61 基准代号的标注实例

图 6-62 立即菜单

定:⟨-360,360⟩",用拖动方式或从键盘输入旋转角后,即可完成基准代号的标注。如果拾取的是直线或圆弧,系统提示:"拖动确定标注位置",选定后即标注出与直线或圆弧相垂直的基准代号。

③ 在立即菜单的"3:"中选择"引出方式",此时选择标注图元,拖动光标,发现基准标注以引线的方式显示出来。

6.3.2 形位公差的标注

公差标注包括尺寸公差标注以及形状和位置公差标注。CAXA 电子图板中尺寸公差标注是通过在尺寸数值输入时带有特殊符号及标注时通过右键操作来实现的。形位公差的标注则由菜单项"形位公差"和"基准代号"来实现。6.3.1 节详细地介绍了"基准代号"的标注,下面将介绍 CAXA 电子图板中的形位公差标注。CAXA 电子图板中的形位公差标注同样方便快捷。图 6-63 所示为形位公差标注实例。

操作步骤

① 单击"标注工具"工具条中的"形位公差"工具按钮,弹出如图 6-64 所示的"形位公差"对话框。

② 在对话框中选择输入应标注的形位公差。

③ 单击"确定"按钮,立即菜单会出现关于标注方向的选择。

④ 用组合键 Alt+1 可以选择"水平标注"或者"垂直标注"。

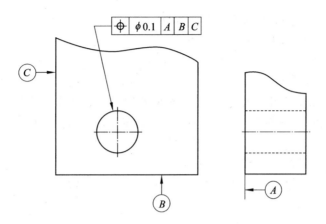

图 6-63 形位公差标注实例

图 6-64 "形位公差"对话框

⑤ 拾取标注元素后,系统提示:"引线转折点"。
⑥ 输入引线转折点后,即完成形位公差的标注。

在"形位公差"对话框里可以对需要标注的形位公差的各种选项进行详细的设置,而且可以填写多行及允许删除行的操作。下面详细介绍"形位公差"对话框的组成:

预览区　在对话框最上部,它可以预览形位公差的填写与布置结果。

"公差代号"区 在左侧,它排列出形位公差"直线度"、"平面度"、"圆度"等符号按钮,单击某一符号按钮,该符号将会在预览区中显示。

"公差数值"区 在右侧第一行,它主要用于公差数值的填写。

"相关原则"区 相关原则的填写,如(P)、(E)、(L)等。

"公差查表"区 通过"公差查表"区可以根据公差的级别设定公差数值。

"附注"区 单击"尺寸与配合"按钮,弹出"公差输入"对话框,可以在形位公差处增加公差的附注。

基准区 设定基准代号的名称。

"当前行"区 可以在已标注一行形位公差的基础上,增加标注新行,并且可以删除标注行。

6.3.3 表面粗糙度的标注

表面粗糙度是评定零件表面质量的重要指标之一。它对零件的耐磨性、耐腐蚀性、抗疲劳强度、零件之间的配合和外观质量等都有影响。在零件图上给出表面粗糙度是设计人员为保证零件的表面质量而提出的技术要求,表面粗糙度共有 3 种不同意义的标志,在 CAXA 电子图板中都有详细的设置,这又是一个 AutoCAD 没有的特色功能。图 6-65 所示为 CAXA 电子图板表面粗糙度标注实例。

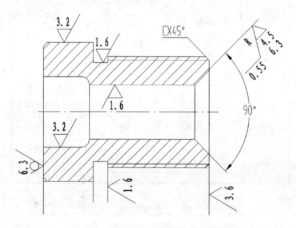

图 6-65 表面粗糙度标注实例

单击"标注工具"工具条中的"粗糙度"工具按钮 ,立即菜单的"1:"有两个选项:"简单标注"和"标准标注"。

(1) 简单标注

"简单标注"只能标注表面粗糙度的符号类型和粗糙度值。图 6-66 所示为"简单标注"立即菜单。在立即菜单的"2:"中选择标注方式,即"默认方式"和"引出方式",通过立即菜单的"3:"可以选择表面处理方法,即"去除材料"、"不去除材料"和"基本符号"。粗糙度值可通过立即菜单的"4:数值"输入。

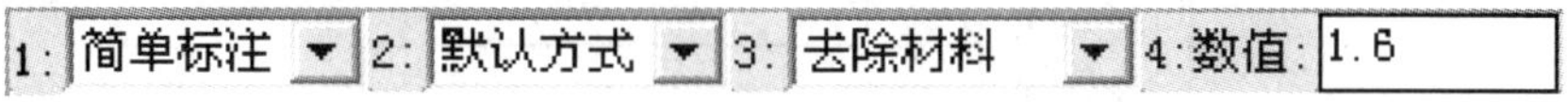

图 6-66 立即菜单

(2) 标准标注

当切换立即菜单的"1:"为"标准标注"时,系统将弹出"表面粗糙度"对话框,如图 6-67 所示。该对话框中包括了粗糙度的各种标注:"基本符号"、"纹理方向"、"上限值"、"下限值"以及说明标注等,可以在预显框里看到标注结果,然后单击"确定"按钮确认。

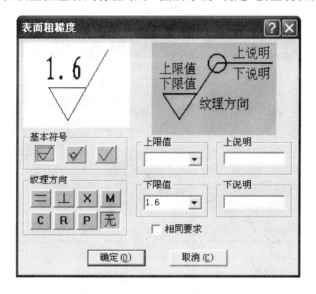

图 6-67 "表面粗糙度"对话框

以上选项设置完成后,根据系统提示拾取定位点或直线或圆弧。

6.3.4 焊接符号

在汽车工业、造船业等机械工程图上,焊接标注用得较多。为了满足不同行业的需要,CAXA 电子图板增加了焊接标注功能。图 6-68 所示为焊接符号图例。

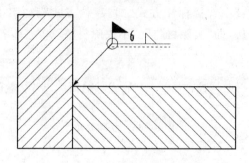

图 6-68 焊接符号图例

操作步骤

① 单击"标注工具"工具条中的"焊接符号"工具按钮,弹出如图 6-69 所示的"焊接符号"对话框。

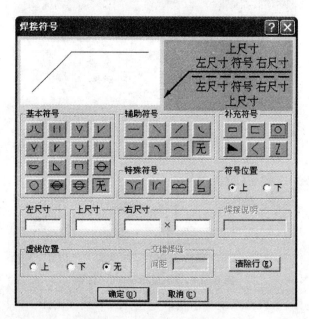

图 6-69 "焊接符号"对话框

② 在对话框中设置所需的各种选项,单击"确定"按钮确认,系统提示:"引线起点"。
③ 输入引线起点后,系统再提示:"定位点"。
④ 输入定位点后,即完成焊接符号的标注。

下面介绍"焊接符号"对话框各部分内容及操作。

对话框的上部是预显框(左)和单行参数示意图(右)。第二行是一系列符号选择按钮和"符号位置"选择。"符号位置"用来控制当前单行参数是对应基准线以上的部分还是以下的部分,系统通过这种手段来控制单行参数。各个位置的尺寸值和"焊接说明"位于第三行。

对话框的底部用来选择"虚线位置"和输入"交错焊缝"的"间距"。其中,"虚线位置"用来表示基准虚线与实线的相对位置。"清除行"操作用来将当前的单行参数清零。这里几乎考虑了所有的标注需要,将满足各种不同场合。

6.3.5 剖切符号

在机械工程图中剖切符号用于标出剖视图的剖切轨迹以及剖切方向,在 CAXA 电子图板中可以直接使用"剖切符号"命令在图形中绘制剖切符号。图 6-70 所示为剖切符号图例。

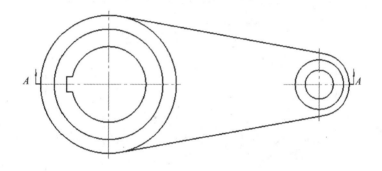

图 6-70 剖切符号图例

操作步骤

① 单击"标注工具"工具条中的"剖切符号"工具按钮,用组合键 Alt+1 改变立即菜单的"1:"中的剖面名称。

② 使用两点线的方式画出剖切轨迹线,绘制完成后右击,此时在剖切轨迹线的终止点显示出沿最后一段剖切轨迹线法线方向的两个箭头标志,系统提示区提示:"请拾取所需的方向"。

③ 可以在两个箭头的一侧单击以确定箭头的方向或者右击取消箭头,然后系统提示:"指定剖面名称标注点"。

④ 拖动一个表示文字大小的矩形到所需位置单击确认。此步骤可以重复操作,直至右击结束。

6.4 文字类标注

完整的工程图中经常包含了很多文字标注,它们表示了图形中的一些相关信息。文字标注功能用于在图形中标注文字,可以填写各种技术说明及要求等。文字可以是单行也可以是多行,可以横写也可以竖写,并可以根据制定的宽度进行自动换行。

6.4.1 文本风格

CAXA 电子图板和 AutoCAD 一样都有一个统一的文字设置格式对话框,通过该对话框,设置标注文字的字高、字体和字型等参数,并可以加载所需要的字库。

操作步骤

① 选择"格式"|"文字风格"菜单项,弹出如图 6-71 所示的"文本风格"对话框。

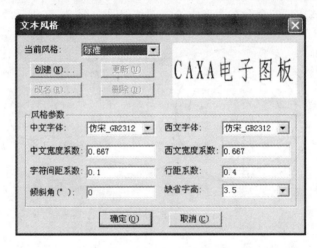

图 6-71 字型管理对话框

在"当前风格"下拉列表框中,列出了当前文件中所有已定义的字型。如果尚未定义字型,则系统预定义了一个叫"标准"的默认字型。该默认字型不能被删除或改名,但可以编辑。通过在这个组合框中选择不同项,可以切换当前字型。随着当前字型的变化,对话框下部列出的字型参数相应变化为与当前字型对应的参数,预显框中的显示也随之变化。

对字型可以进行 4 种操作:"创建"、"更新"、"改名"和"删除"。修改了任何一个字型参数后,"创建"和"更新"按钮都变为有效状态。

单击"创建"按钮,将弹出对话框以供输入一个新字型名,系统用修改后的字型参数创建一个以输入的名字命名的新字型,并将其设置为当前字型。

单击"更新"按钮,系统则将当前字型的参数更新为修改后的值。

当前字型不是默认字型时,"改名"和"删除"按钮有效。

单击"改名"按钮,可以为当前字型起一个新名字。

单击"删除"按钮,则删除当前字型。

"风格参数"区域:

"中文字体" 选择文字字体。

"中文宽度系数"、"西文宽度系数" 当宽度系数为1时,文字的长宽比例与TrueType字体文件中描述的字型保持一致;为其他值时,文字宽度在此基础上缩小或放大相应的倍数。

"字符间距系数" 同一行(列)中两个相邻字符的间距与设定字高的比值。

"行距系数" 横写时两个相邻行的间距与设定字高的比值。

"列距系数" 竖写时两个相邻列的间距与设定字高的比值。

"倾斜角" 横写时为一行文字的延伸方向与坐标系的 X 轴正方向按逆时针测量的夹角;竖写时为一列文字的延伸方向与坐标系的 Y 轴负方向按逆时针测量的夹角。旋转角的单位为角度。

② 选择字型参数。单击"确定"按钮,系统提示"当前设置已改变,保存当前设置吗?",如图 6-72所示。如果单击"是",对当前设置进行保存。

③ 这时,在电子图板中该风格的标注已经随着设置的保存进行关联变化。

④ 单击"否"按钮,不保存当前设置,重新打开电子图板时,文字参数的设置是系统默认参数。

图 6-72 参数设置保存提示

6.4.2 文字标注

文字标注用于在图纸上填写各种技术说明以及技术要求。

操作步骤

① 单击"绘图工具"工具条的"文字"工具按钮 **A**,这时立即菜单将出现添加文字标注区域的两种方式即"1:"中的"指定两点"和"搜索边界"。

"指定两点" 根据提示用光标指定要标注文字的矩形区域的第一角点和第二角点。

"搜索边界" 指定边界内一点和边界间距系数,系统将根据指定的区域结合对齐方式决定文字的位置。

② 确定文字标注区域后,系统弹出的"文字标注与编辑"对话框中,如图 6-73 所示可以在编辑框中输入文字,编辑框下面显示出当前的文字参数

图 6-73 "文字标注与编辑"对话框

设置。

③ 单击"风格"按钮进入"文字标注参数设置"对话框,修改标注参数。

"对齐方式" 指生成的文字与指定的区域的相对位置关系。例如左上对齐指文字实际占据区域的左上角与指定区域的左上角重合;中间对齐指文字实际占据区域的中心与指定区域的中心重合;其余依此类推。

"书写方向" 横写指从文字的观察方向看,文字是从左向右写的;竖写指从文字的观察方向看,文字是从上向下写的。

"框填充方式" 有3种方式自动换行、压缩文字和手动换行。自动换行指文字到达指定区域的右边界(横写时)或下边界(竖写时)时,自动以汉字、单词、数字或标点符号为单位换行,并可以避头尾字符,使文字不会超过边界(例外情况是当指定的区域很窄而输入的单词、数字或分数等很长时,为保证不将一个完整的单词、数字或分数等结构拆分到两行,生成的文字会超出边界);压缩文字指当指定的字型参数会导致文字超出指定区域时,系统自动修改文字的高度、中西文宽度系数和字符间距系数,以保证文字完全在指定的区域内;手动换行指在输入标注文字时只要按Enter键,就能完成文字换行。

④ 要标注的文字已事先存到了文件里,则可以单击"读入"按钮,在弹出的"指定要读入文件"对话框中指定该文件,再单击"打开"按钮,则文件的内容被读入到文本框中。

⑤ 标注横写文字时,文字中可以包含偏差、上下标、分数、粗糙度、上画线、中间线、下画线以及 φ、°、± 等常用符号。对话框右上角的下拉列表框就是用于辅助输入这些符号和格式,如图6-74所示。

图6-74 符号和输入格式

为方便常用符号和特殊格式的输入,CAXA电子图板规定了一些表示方法,这些方法均以%作为开始标志。说明如下:

"%" 等价于在文本框中输入"%%",主要用于输出字符串"%p"、"%c"等。例如:输入的字符串是"%%p%%c%%d",输出为"%p%c%d"。

"φ" 等价于在文本框中输入"%c",用于输出"φ"。

"°" 等价于在文本框中输入"%d",用于输出"°"。

"±" 等价于在文本框中输入"%p",用于输出"±"。

"开始下画线"(或"结束下画线") 等价于在文本框中输入"%u",如当前选择"开始下画线"后,后面再选择特殊符号组合框时,相应项将变为"结束下画线",或与之相反。用于开始或结束给文字加下画线。

"开始中间线"(或"结束中间线") 等价于在文本框中输入"%m",如当前选择"开始中间线"后,后面再选择特殊符号组合框时,相应项将变为"结束中间线",或与之相反。用于开始或结束给文字加中间线。

"开始上画线"(或"结束上画线") 等价于在文本框中输入"%o",如当前选择"开始上画线"后,后面再选择特殊符号组合框时,相应项将变为"结束上画线",或与之相反。用于开始或结束给文字加上画线。

"偏差" 选择此项,弹出如图6-75所示的"偏差输入"对话框。在上下偏差文本框中输入上下偏差,而后按Enter键或单击"确定"按钮结束公差输入,输入的上偏差必须大于下偏差。其等价输入格式为:%上偏差%下偏差%b。上下偏差必须加正负号,等于零时可以省略。例如:公差输入对话框中,在上偏差文本框中输入0.005,下偏差文本框中输入-0.004,单击"确定"按钮,在文字文本框的当前位置添加了字符串%+0.005%-0.004%b,假定在这个字符串前面的字符串是12,后面没有字符,则整个字符串就是12%+0.005%0.004%b,生成文字如图6-76所示。

图6-75 "偏差输入"对话框   图6-76 偏差示意图

"分数" 选择此项,弹出图6-77所示的对话框。在分子文本框中输入分子,分母文本框中输入分母,按Enter键或单击"确定"按钮结束分数输入。其等价输入格式为:%&分子/分母%b。例如:"分数输入"对话框中分子文本框中输入1,分母文本框中输入10,单击"确定"按钮,在文字文本框的当前位置添加了字符串%&1/10%b。

假定在这个字符串前面的字符串是12,后面没有字符,则整个字符串就是12%&7/12%b,生成文字如图6-78所示。

"粗糙度" 选择此项,弹出图6-79所示的对话框。选择基本符号,输入下限值、上说明和下说明,单击"确定"按钮,回到"文字标注与编辑"对话框中。继续输入文字,单击"确定"按钮后,可见文字中输入了表面粗糙度符号。

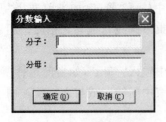

图6-77 "分数输入"对话框

$$\frac{7}{12}$$

图6-78 分数示意图

"上下标" 选择此项,弹出图6-80所示的对话框。在上标文本框中输入上标,在下标文本框中输入下标,而后按Enter键或单击"确定"按钮结束上下标输入。

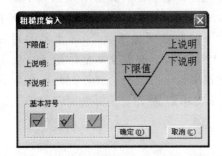

图6-79 "粗糙度"对话框

图6-80 "上下标输入"对话框

"其他字符" 选择此项,弹出字符映射表,可以选择要插入的字符;对于其他项,系统直接将对应的文本插入。也可以不用组合框而按规定的格式自行输入来实现上述特殊格式和符号。

⑥ 完成输入和设置后,单击"确定"按钮,系统开始生成相应的文字并插入到指定的位置;单击"取消"按钮则取消操作。

须指出的是:如果框填充方式是自动换行、同时相对于指定区域的大小来说文字比较多,那么实际生成的文字可能超出指定的区域。例如对齐方式为左上对齐时,文字可能超出指定区域的下边界;另外,当旋转角不为零时,由于文字发生了旋转,所以也不在指定的区域里;如果框填充方式是压缩文字,则在必要时系数会自动修改文字的高度、中西文宽度系数和字符间距系数,以保证文字完全在指定的区域内。

引入外部文本

在CAXA电子图板中生成来自外部的文本除了可以利用"文字标注与编辑"对话框中的读入功能外,还可以采用选择性粘贴的办法。在Word、记事本等其他字处理软件中复制要引入的文本,然后在CAXA电子图板中单击"编辑"菜单中的"选择性粘贴"选项,在弹出的对话框中选择合适的粘贴格式,再单击"确定"按钮。如果选择的是"纯文本"格式,需要指定文本的位置、缩放比例和旋转角,还应事先在 CAXA 电子图板中设置好要采用的字型参数,因为系统将用当前字型参数生成文本。

6.4.3 引出说明

"引出说明"用于标注引出注释。由文字和引出线组成。引出点处可带箭头,文字可输入中文和西文,文字的各项参数由文字风格确定,并且可以直接插入特殊符号,例如上下偏差、表面粗糙度等,图 6-81 所示为引出说明图例。

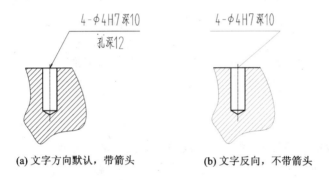

图 6-81 引出说明图例

操作步骤

① 单击"标注工具"工具条中的"引出说明"工具按钮,弹出如图 6-82 所示的"引出说明"对话框。

图 6-82 "引出说明"对话框

② 在对话框中输入相应上下说明文字,若只需一行说明则只输上说明。单击"插入特殊符号"下三角按钮,在其列表中可以选择需要插入的特殊符号。单击"确定"按钮,进入下一步操作;单击"取消"按钮,结束此命令。

③ 单击"确定"按钮后,弹出如图 6-83 所示的立即菜单。

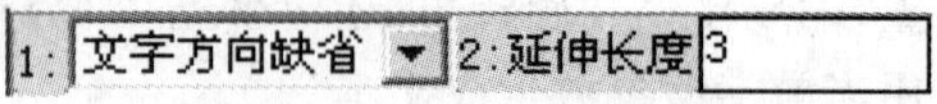

④ 按提示输入第一点后,系统接着提示:"第二点"。

⑤ 输入第二点后,即完成引出说明标注。

图 6-83 立即菜单

6.5 标注修改

"标注修改"可以对所有的标注,包括尺寸、符号和文字标注进行修改,对这些标注的修改通过一个菜单命令即可完成,系统将自动识别标注实体的类型并做出相应的修改操作。

所有的修改实际上都是对已作的标注进行相应的"位置编辑"和"内容编辑",这二者通过立即菜单来切换。"位置编辑"指对尺寸或工程符号等的位置的移动或角度的旋转,而"内容编辑"指对尺寸值、文字内容或符号内容的修改。

操作步骤

① 单击"编辑工具"工具条中的"标注修改"工具按钮。

② 拾取要修改的标注对象,系统将自动识别标注对象的类型。

③ 通过切换立即菜单分别进行"位置编辑"和"内容编辑"。

下面将分类说明标注修改,即"尺寸编辑"、"文字编辑"、"尺寸拉伸"和"工程符号编辑"。

(1) 尺寸编辑

拾取到线型尺寸 可以修改尺寸位置、标注文字的位置、使尺寸文字添加引线、改变尺寸界线的倾斜方向和尺寸的数值等,如图 6-84 所示。

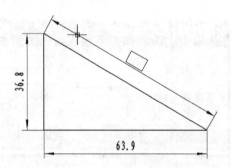

图 6-84 线型尺寸的编辑

拾取到直径或半径尺寸 可以修改尺寸线的位置、尺寸值、文字位置、文字引线及文字角度等,如图 6-85 所示。

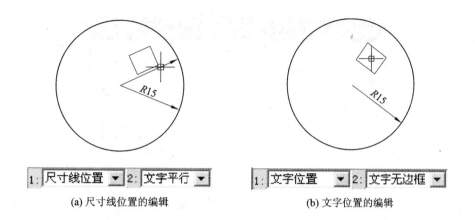

图 6-85 半径尺寸的编辑

拾取到角度尺寸 可以修改尺寸线位置、尺寸数值、文字位置和文字引线等,如图 6-86 所示。

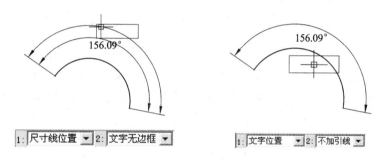

图 6-86 角度尺寸的编辑

(2) 文字编辑

文字编辑就是对已有的文字内容或格式进行修改。

① 单击"编辑工具"工具条中的"标注修改"工具按钮,系统提示:"拾取要编辑的尺寸、文字或标注"。

② 根据提示用光标选择要编辑的文字,在弹出的"文字标注与编辑"对话框中对文字的内容和字型参数进行修改,最后单击"确定"按钮结束操作,如图 6-87 所示,系统重新生成对应的文字。

(3) 尺寸拉伸

曲线拉伸后,要求其上的标注也可以进行拉伸以保持两者的一致性。在 CAXA 电子图板中可以轻松地对尺寸标注进行拉伸。

在尺寸标注上单击,将出现若干个小蓝点,移动光标到小蓝点上然后拖动,即可编辑尺寸

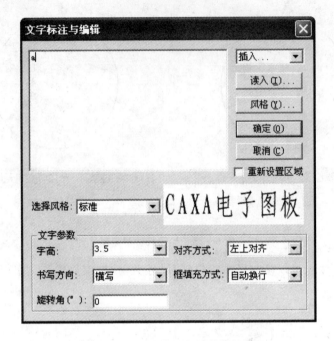

图 6-87 "文字标注与编辑"对话框

标注。拖动尺寸数字下方的小蓝点可以使尺寸标注上下移动,拖动尺寸界限下方的小蓝点,如图 6-88 所示,可以改变尺寸界限的位置,并且可以捕捉拉伸后的曲线的终点,从而改变尺寸值。

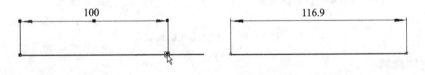

图 6-88 尺寸拉伸

(4) 工程符号编辑

对于符号类标注,即基准代号、形位公差、表面粗糙度和焊接符号等,如同尺寸编辑和文字编辑一样,也是在选取菜单后拾取要编辑的对象,而后通过切换立即菜单分别对标注对象的位置和内容进行编辑。示例从略。

6.6 尺寸驱动

"尺寸驱动"是系统提供的一套局部参数化功能。在选择一部分实体及相关尺寸后,系统将根据尺寸建立实体间的拓扑关系,当选择想要改动的尺寸并改变其数值时,相关实体及尺寸也将受到影响而发生变化,但元素间的拓扑关系保持不变,如相切、相连等。另外,系统还可自动处理过约束及欠约束的图形。尺寸驱动实例如图6-89所示。

此功能在很大程度上可以在画完图以后再对尺寸进行规整和修改,以提高作图速度,且对已有的图纸进行修改也变得更加简单、容易。

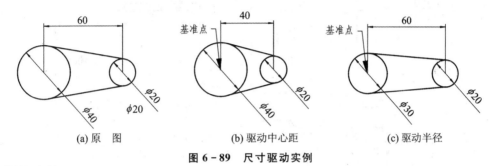

图 6-89 尺寸驱动实例

操作步骤

① 选择"修改"|"尺寸驱动"菜单项,或单击"编辑工具"工具条中"尺寸驱动"工具按钮 。

② 根据系统提示选择驱动对象(用户想要修改的部分),系统将只分析选中部分的实体及尺寸。这里除选择图形实体外,选择尺寸也是必要的,因为工程图纸依靠尺寸标注来避免二义性,而系统也依靠尺寸来分析元素间的关系。

③ 指定一个合适的基准点。由于任一尺寸表示的均是两个(或两个以上)图形对象之间的相关约束关系,如果驱动该尺寸,必然存在着一端固定,另一端移动的问题,系统将根据被驱动尺寸与基准点的位置关系来判断哪一端该固定,从而驱动另一端。对于具体指定哪一点为基准,多用几次后将会有清晰的体验。一般情况下,应选择一些特殊位置的点,例如圆心、端点、中心点和交点等。

④ 在前两步的基础上,最后是驱动某一尺寸。选择被驱动的尺寸,而后按提示输入新的尺寸值,则被选中的实体部分将被驱动,在不退出该状态(该部分驱动对象)的情况下,可以连续驱动多个尺寸。

6.7 体验实例

下面将以4.7节中泵体零件图为例展示CAXA电子图板标注功能的优越性,如图6-90所示。

操作步骤

① 选择"格式"|"标注风格"菜单项,系统弹出"标注风格"对话框,单击"编辑"按钮,弹出"编辑风格"对话框。

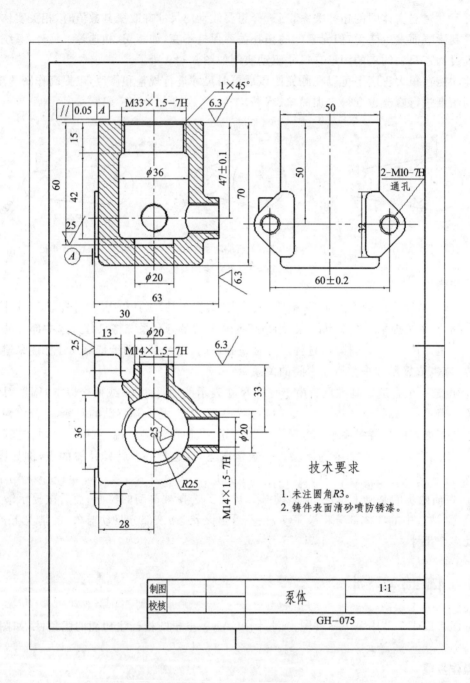

图 6-90 泵体工程图

② 单击"直线和箭头"选项卡,将"箭头大小"设置为 4;单击"文本"选项卡,将文本大小设置为 3.5,单击"确定"按钮。

③ 单击"标注工具"工具条中的"尺寸标注"工具按钮,在立即菜单中的"1:"中选择"连续标注",选择直线 a,b,将标注文字移动到适当位置单击,选择直线 c,结果如图 6-91 左图所示。

④ 单击"标注工具"工具条中的"尺寸标注"工具按钮,在立即菜单中的"1:"中选择"基本标注",选择直线 d,e,在"3:"中选择"直径",将标注文字移动到适当位置单击,结果如图 6-91 右图所示。

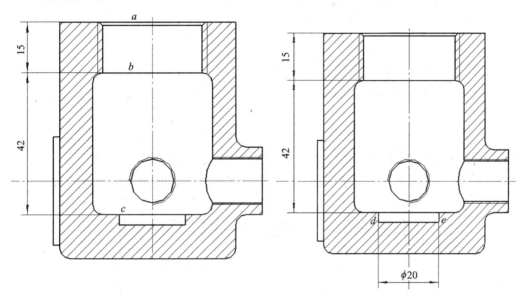

图 6-91 尺寸标注

⑤ 拾取需要标注的直线 a 和 b,在立即菜单的"6:尺寸值"中输入"M33×1.5—7H",将标注文字移动到适当位置单击,如图 6-92 所示。

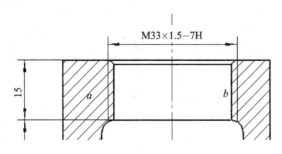

图 6-92 改变尺寸标注文字

⑥ 在标注带有尺寸偏差的尺寸时，首先拾取需要标注的直线，将光标移动到适当的位置，并右击，弹出"尺寸标注公差与配合查询"对话框，在其"上偏差"和"下偏差"文本框中输入需要标注的偏差数值，如图 6-93 所示，单击"确定"按钮。结果如图 6-94 所示。

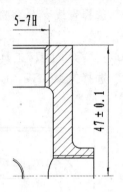

图 6-93 "尺寸标注公差与配合查询"对话框　　　　图 6-94 标注偏差

⑦ 单击"标注工具"工具条中的"行位公差"工具按钮 ，弹出"行位公差"对话框。在"公差代号"区域中选择"平行度"工具按钮 ，在"公差数值"区域输入 0.02，在"基准一"文本框中输入 A，如图 6-95 所示。单击"确定"按钮，捕捉水平线上的 a 点，沿正交方向捕捉 b 点，如图 6-96 所示。

图 6-95 "形位公差"对话框

⑧ 单击"标注工具"工具条中的"基准代号"工具按钮 ,拾取需要注释的图元,移动光标在适当的位置单击,如图 6-97 所示。

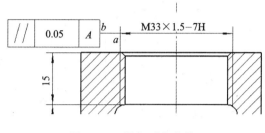

图 6-96 添加形位公差

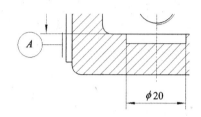

图 6-97 标注基准代号

⑨ 单击"标注工具"工具条中的"表面粗糙度"按钮 ,在立即菜单的"4:数值"中输入表面粗糙度数值,拾取需要注释的图元,移动光标在适当的位置单击,如图 6-98 所示。

⑩ 单击"标注工具"工具条中的"倒角标注"工具按钮 ,拾取倒角线,移动光标在适当的位置单击,如图 6-99 所示。

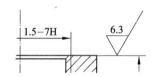

图 6-98 标注表面粗糙度

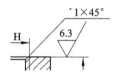

图 6-99 倒角标注

⑪ 单击"标注工具"工具条中的"引出说明"工具按钮 ,弹出"引出说明"对话框,在其"上说明"和"下说明"文本框中输入需要注视的文字,如图 6-100 所示,单击"确定"按钮,拾取需要标注的图元,移动光标在适当的位置单击,结果如图 6-101 所示。

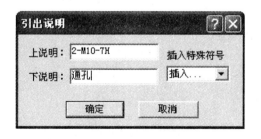

图 6-100 "引出说明"对话框

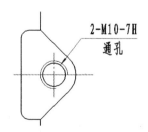

图 6-101 引出说明

⑫ 使用上面介绍的方法将图形标注完整,如图 6-102 所示。

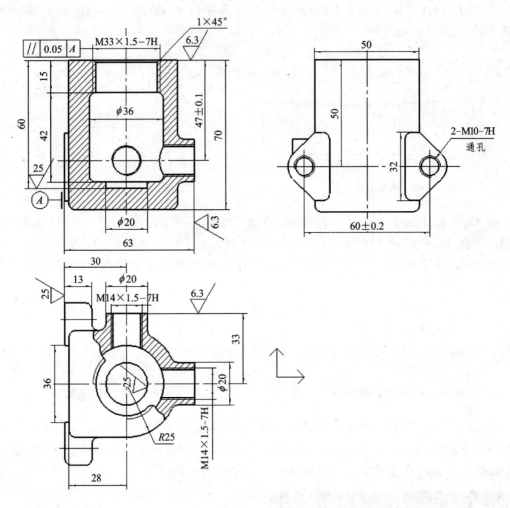

图 6-102 图形标注

第 7 章　图纸幅面

绘制一张符合国家标准的工程图纸,首先是选择一张符合国家标准的图纸幅面和图框。国家标准中对机械制图的图纸大小作了统一规定,图纸尺寸大小分为 5 个规格,即 A0,A1,A2,A3,A4。

CAXA 电子图板按照国家标准的规定,在系统内部设置了上述 5 种标准图幅以及相应的图框、标题栏和明细栏。系统还允许自定义图幅和图框,并将其制成模板文件,以备其他文件调用。

CAXA 电子图板的幅面设置与 AutoCAD 相比,除了有符合国家标准的图纸幅面、图框设置外,还单独设有标题栏、零件序号和明细表。在调入标题栏后可直接填写项目,也可以根据需要将自行绘制的图形定义为标题栏。零件序号功能可以逐件编排零件序号,输入命令项目后自动生成明细表。通过明细表菜单,还可定义表头,填写或修改明细项目。这些功能对绘制装配图十分有益。

7.1　图纸幅面设置

在"图幅设置"对话框中,可以选择标准图纸幅面或自定义图纸幅面,也可变更绘图比例或选择图纸放置方向。

选择"幅面"|"图幅设置"菜单项,或单击"图幅操作"工具条中的"图纸幅面"工具按钮▣,系统弹出"图幅设置"对话框如图 7-1 所示。

(1) 图纸幅面的选择

单击"图纸幅面"的下三角按钮▣,弹出一个下拉列表框,列表框中有从 A0 到 A4 标准图纸幅面选项和用户定义选项可供选择。当所选择的幅面为标准幅面时,在"宽度"和"高度"文本框中显示该图纸幅面的宽度值和高度值,不能修改;当选择用户定义时,在"宽度"和"高度"文本框中输入图纸幅面的宽度值和高度值。

在定义图幅时请注意,系统允许的最小图幅为 1×1,即图纸宽度最小尺寸为 1 mm,图纸高度最小尺寸为 1 mm。如果输入的数值小于 1,系统发出警告信息。

警告取消后,应当重新输入新的宽度值或高度值。

(2) 选取绘图比例

系统绘图比例的默认值为 1∶1。这个比例直接显示在绘图比例的对话框中。如果要改

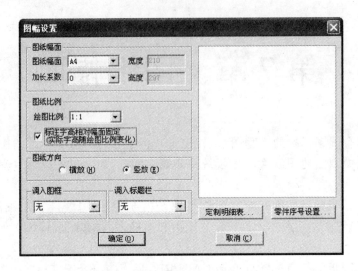

图 7-1 "图幅设置"对话框

变绘图比例,可单击"绘图比例"的下三角按钮,弹出一个下拉列表框,列表框中的值为国家标准规定的系列值。选中某一项后,所选的值在绘图比例对话框中显示。也可以激活文本框由键盘直接输入新的比例数值。

(3) 选择图纸放置方向

图纸放置方向由"横放"或"竖放"两个单选项控制,被选中者呈黑点显示状态。

(4) 选择图框

单击"调入图框"的下三角按钮,弹出一个下拉列表框,列表中的图框为系统默认图框。选中某一项后,所选图框会自动在预显框中显示出来。

(5) 选择标题栏

单击"调入标题栏"的下三角按钮,弹出一个下拉列表框,列表中的标题栏为系统默认图框。选中某一项后,所选标题栏会自动在预显框中显示出来。

(6) 标注字高固定

如果需要"标注字高相对幅面固定",即实际字高随绘图比例变化,请选中此复选框。反之,请将对勾去除。

(7) 定制明细表

单击"定制明细表"按钮,可进行定制明细表的操作。

(8) 零件序号设置

单击"零件序号设置"按钮,可进行零件序号的设置。

7.2 图框设置

CAXA 电子图板的图框尺寸可随图纸幅面大小的变化而作相应的比例调整。比例变化的原点为标题栏的插入点。

除了在"图幅设置"对话框中对图框进行设置外,也可通过调入图框的方法,进行图框设置。

1. 调入图框

选择"幅面"|"调入图框"菜单项,弹出"读入图框文件"对话框,如图 7-2 所示。对话框中列出了在 EB\SUPPORT 目录下的符合当前图纸幅面的标准图框或非标准图框的文件名。可根据当前作图需要从中选取。选中图框文件后,单击"确定"按钮,即调入所选取的图框文件。

图 7-2 "读入图框文件"对话框

2. 定义图框

将屏幕上的某些图形定义为图框。

选择"幅面"|"定义图框"菜单项,系统提示:"拾取元素"拾取构成图框的图形元素,然后右击确认。此时,操作提示变为"基准点"(基准点用来定位标题栏)。输入基准点后,定义图框的操作结束。

3. 存储图框

"存储图框"功能可以将定义好的图框存盘,以便其他文件调用。

选择"幅面"|"存储图框"菜单项,弹出"存储图框文件"对话框,如图7-3所示。

对话框中列出了已有图框文件的文件名。在对话框底部的文件输入文本框内,输入要存储图框文件名,例如"竖 A4 分区",图框文件扩展名为".FRM"。然后,单击"确定"按钮,系统自动加上文件扩展名".FRM",一个文件名为"竖 A4 分区.FRM"的图框文件被存储在 EB\SUPPORT 目录中。

图7-3 "存储图框文件"对话框

7.3 标题栏设置

CAXA 电子图板设置了多种标题栏供用户调用。同时,也可将图形定义为标题栏,并以文件的方式存储。

"幅面"菜单包括"调入标题栏"、"定义标题栏"、"存储标题栏"和"填写标题栏"等四个选项,下面依次介绍。

1. 调入标题栏

当调入一个标题栏文件时,如果屏幕上已有一个标题栏,则新标题栏替代原标题栏,标题栏调入时的定位点为其右下角点。

选择"幅面"|"调入标题栏"菜单项,或单击"幅面操作"工具条中的"调入标题栏"按钮,弹出"读入标题栏文件"对话框,如图7-4所示。

对话框中列出了已有标题栏的文件名。选取其中之一,然后单击"确定"按钮,一个由所选文件确定的标题栏显示在图框的标题栏定位点处。

2. 定义标题栏

将已经绘制好的图形定义为标题栏(包括文字)。也就是说,系统允许将任何图形定义成标题栏文件以备调用。

操作步骤

① 选择"幅面"|"定义标题栏"菜单项,系统提示:"请拾取组成标题栏的图形元素",拾取

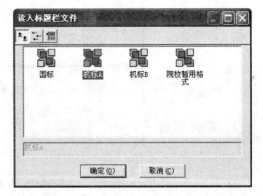

图7-4 "读入标题栏文件"对话框

构成标题栏的图形元素,然后右击确认。

② 系统提示:"请拾取标题栏表格的内环点",拾取标题栏表格内一点,弹出"定义标题栏表格单元"对话框,如图7-5所示。

③ 选择表格单元名称以及对齐方式,单击"确定"完成该单元格的定义。

④ 重复步骤②、③的操作,完成整个标题栏的定义。

3. 存储标题栏

定义好的标题栏可以文件形式存盘,以备调用。

选择"幅面"|"存储标题栏"菜单项,弹出"存储标题栏文件"对话框,如图7-6所示。

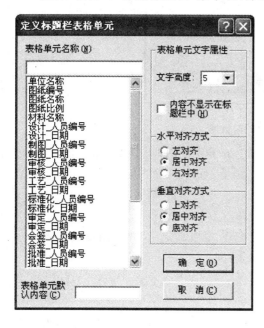

图7-5 "定义标题栏表格单元"对话框

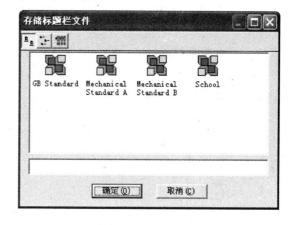

图7-6 "存储标题栏文件"对话框

对话框中列出了已有标题栏文件的文件名。在对话框底部的文件名文本框内,输入要存储的标题栏文件名,例如"厂标",标题栏文件扩展名为". HDR"。然后,单击"确定"按钮,系统自动加上文件扩展名". HDR",一个文件名为"厂标. HDR"的标题栏文件被存储在 EB\SUPPORT 目录下。

4. 填写标题栏

填写定义好的标题栏。

选择"幅面"|"填写标题栏"菜单项,弹出"填写标题栏"对话框,如图7-7所示。

图 7-7 "填写标题栏"对话框

在对话框中填写图形文件的标题的所有内容,单击"确定"按钮即可完成标题栏的填写。

7.4 零件序号

CAXA 电子图板设置了生成、删除和编辑零件序号的功能,为绘制装配图及编制零件序号提供了方便条件。

1. 生成序号

生成或插入零件序号,且与明细栏联动。在生成或插入零件序号的同时,可以填写或不填写明细栏中的各表项,而且对于从图库中提取的标准件或含属性的块,其本身带有属性描述,在零件序号标注时,会自动将块属性中与明细表对应的属性自动填入。

选择"幅面"|"生成序号"菜单项,系统弹出图 7-8 所示的立即菜单。

图 7-8 立即菜单

根据系统提示输入引出点和转折点后,当选择立即菜单的"6:"为"填写"时,弹出"填写明细表"对话框,如图 7-9 所示。

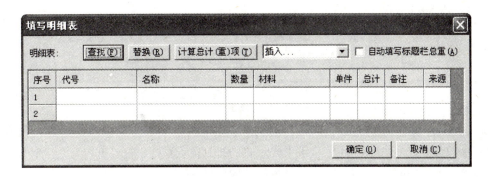

图7-9 "填写明细表"对话框

如果零件是从图库中提取的标准件或含属性的块,则可以自动填写明细栏。注意:如果提取的标准件被打散,在序号标注时系统将无法识别,所以也就找不到属性,不能自动填写明细栏。

立即菜单各选项含义如下:

"序号" 在立即菜单的"1:序号="中可以输入数值或前缀加数值。前缀加数值的情况,前缀和数值最多只能输入3位,(即最多可输入共6位的字串),若在前缀当中第一位为符号"@"标志,为零件序号中加圈的形式,如图7-10(a)所示。系统可根据当前零件序号值判断是生成零件序号或插入零件序号。

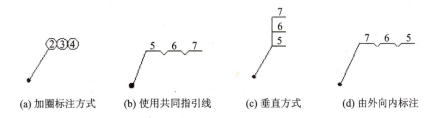

(a) 加圈标注方式　　(b) 使用共同指引线　　(c) 垂直方式　　(d) 由外向内标注

图7-10 零件序号各种标注形式

系统根据当前序号自动生成下次标注时的序号值。如果输入序号值只有前缀而无数字值,根据当前序号情况生成新序号,新序号值为当前前缀的最大值加1。

如果输入序号值小于当前相同前缀的最大序号值大于等于最小序号值时标注零件序号,系统提示是否插入序号,如果选择插入序号形式,则系统重新排列相同前缀的序号值和相关的明细栏。

如果输入的序号与已有序号相同,系统弹出如图7-11所示的"注意"对话框。如果单击"插入"按钮,则生成新序号,在此序号后的其他相同前缀的序号依次顺延;如果单击"取消"按钮,则输入序号无效,需要重新生成序号;如果单击"取重号",则生成与已有序号重复的序号。单击"自动调整"按钮系统将自动顺延序号。

图 7-11 "注意"对话框

份　　数　若立即菜单"2:数量"份数大于 1,则采用公同指引线形式表示(见图 7-10(b))。

"水平"/"垂直"　选择零件序号水平或垂直的排列方向(见图 7-10(c))。

"由内至外"/"由外至内"　零件序号标注方向(见图 7-10(d))。

"填写"/"不填写"　可以在标注完当前零件序号后即填写明细栏,也可以选择不填写,以后利用明细栏的填写表项或读入数据等方法填写。

也可以选择图 7-12 中立即菜单为"5:不生成明细表",则按系统提示输入引出点和转折点后,右击结束。

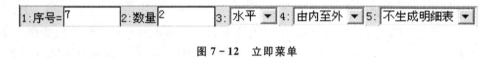

图 7-12　立即菜单

2. 删除序号

在已有的序号中删除不需要的序号。在删除序号的同时,也删除明细栏中的相应表项。

选择"幅面"|"删除序号"菜单项,系统提示:"拾取零件序号",用光标拾取待删除的序号,该序号即被删除。对于多个序号共用一条指引线的序号结点,如果拾取位置为序号,在删除被拾取的序号,拾取到其他部位,则删除整个结点。如果所要删除的序号没有重名的序号,则同时删除明细栏中相应的表项,否则只删除所拾取的序号。如果删除的序号为中间项,系统会自动将该项以后的序号值顺序减一,以保持序号的连续性。

3. 编辑序号

修改指定序号的位置。选择"幅面"|"编辑序号"菜单项,系统提示:"拾取零件序号",用光标拾取待编辑的序号,根据光标拾取位置的不同,可以分别修改序号的引出点或转折点位置。如果光标拾取的是序号的指引线,系统提示:"引出点",输入引出点后,所编辑的是序号引出点及引出线的位置;如果拾取的是序号的序号值,系统提示:"转折点",输入转折点后,所编辑的是转折点及序号的位置,如图 7-13 所示。

注　意　编辑序号只编辑修改其位置,而不能修改序号的本身。图 7-14 为编辑零件序号的图例。

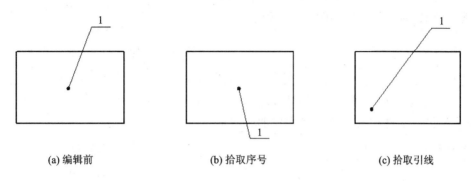

(a) 编辑前　　　　　　　　(b) 拾取序号　　　　　　　　(c) 拾取引线

图 7-13　编辑零件序号

4. 序号设置

选择零件序号的标注形式。选择菜单"图幅"|"序号设置",弹出"序号设置"对话框,如图 7-14 所示。

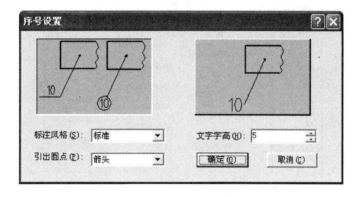

图 7-14　"序号设置"对话框

"标注风格"　选择序号文字所采取的标注风格。
"文字字高"　设定序号文字的字高。
"引出圆点"　选择序号引出点的类型。

注　意　在一张图纸上零件序号形式应统一,所以如果图纸中已标注了零件序号,就不能再改变零件序号的设置。

7.5　明细栏

CAXA 电子图板为绘制装配图设置了明细栏。明细栏与零件序号联动,可随零件序号的

生成，插入和删除产生相应的变化。选择菜单"幅面"|"明细表"，弹出该菜单的子菜单，如图7-15所示。

1．定制明细表

按需要增删及修改明细栏的表头内容，并可调入或存储表头文件。当表头内容项与图库属性（块属性表）相符时，图库中调出的零件在按零件序号生成明细栏时，其中相符部分会自动填入明细栏。

选择"幅面"|"明细表"|"定制明细表"菜单项，弹出"定制明细表"对话框，见图7-16。

对话框内列出了当前表头的各项内容及各功能按钮。可以对各项内容的操作，建立一个新表头或修改原有表头。

图7-15 "明细表"子菜单

图7-16 "定制明细表"对话框

注意 如果当前图纸上存在明细栏则当前修改的明细栏表头将不起作用。

(1) "定制表头"选项卡

在表项名称列表框中列出当前明细栏的所有表项及其内容。前两项是定制明细栏表头必不可少的。后三项主要与明细栏的数据输出到数据库中有关。

各文本框的含义如下：

"项目标题"　表示在明细栏表头中每一栏的名称。

"项目宽度"　表示在明细栏表头中每一栏的宽度。

"项目名称"　是数据输出到数据库中的域名。如果数据库文件不支持中文域名，则此项应为英文。

"数据类型"　在此列中选择表项对应的数据类型。

"数据长度"　如果表项的数据类型为字符型，在此列中输入字符长度。

"文字字高"　调整明细栏表头文字的大小。

"文字对齐方式"　调整明细栏表头文字的对齐方式。单击其中的表项，即可改变列表框中的选择；双击表项内容即可进行编辑，当双击数据类型列时，表项的数据类型将在"字符"和"数字"之间切换；如果表项的数据类型为"数字"时，双击数据长度列将不起作用。

在对话框左边的窗口中右击，弹出图 7-17 所示的快捷菜单，具有 4 项功能。

图 7-17　快捷菜单

"增加项目"　选择快捷菜单中的"增加项目"选项，在列表框中光标的当前位置加入新行，列表框显示如图 7-18 所示。

注　意　表项数目不能超过 10 个。

"删除项目"　单击"删除项目"菜单，可以删除当前光标所在位置的表项。

"打开文件"　单击"打开文件"按钮，弹出"打开表头文件"对话框，可以将以前存储的表项文件调入系统中，以供使用。

"存储文件"　单击"存储文件"按钮，弹出"存储表头文件"对话框，可以将表项内容存储成为表项文件，以供以后使用。

(2)"文本及其他"选项卡

在图 7-19 所示的"文本及其他"选项卡中列出当前明细栏的所有表项及其内容的文本风格。各主要选项的含义如下：

"文本风格"　选择已存在的文本风格类型作为明细栏文本风格，还可以通过"文本风格"自定义多种类型的风格。

"文字字高"　调整明细栏文字的大小。

"文本对齐方式"　设置表头中文字的对齐方式，分为"居中"和"左对齐"。

"文字左对齐时的左侧间隙"　文字在对齐方式为左对齐时，与明细表左边框的距离。

"明细栏高度"　调整明细栏上下间距。

 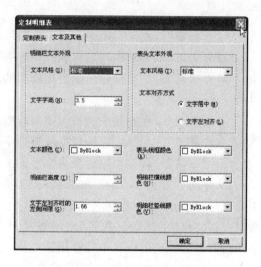

图 7-18 "制定表头"选项卡　　　　图 7-19 "文本及其他"选项卡

2. 填写表项

选择"幅面"|"明细表"|"填写明细表"菜单项，弹出"填写明细表"对话框（见图 7-20），明细栏的显示为整幅显示，双击各列表中各文本框可填写或修改，明细表中相同的内容可以任意复制。单击"确定"按钮，所填项目将自动添加到明细栏中。另外，该对话框中还提供了查找、替换功能，可以让用户在多明细的情况下方便操作。

图 7-20 "填写明细表"对话框

3. 删除表项

从已有的明细栏中删除某一个表项。删除该表项时，其表格及项目内容全部被删除。相应零件序号也被删除，序号重新排列。

选择"幅面"|"明细表"|"删除表项"菜单项，系统提示："拾取表项"，拾取所要删除的明细栏表项，如果拾取无误则删除该表项及所对应的所有序号，同时该序号以后的序号将自动重新排列。当需要删除所有明细栏表项时，可以直接拾取明细栏表头，此时弹出对话框，在得到用户的最终确认后，删除所有的明细栏表项及序号。

然后，系统接着提示："拾取表项"，重复以上操作，可删除一系列明细栏表项及相应的序号，如果希望结束删除表项的操作时，右击，即恢复到命令状态。当全部删除操作结束以后，应当用重画命令将图形刷新。

4. 表格折行

将已存在的明细栏的表格在所需要的位置处向左或向右转移。转移时，表格及项目内容一起转移。

选择"幅面"|"明细表"|"表格折行"菜单项，系统弹出立即菜单，如图 7-21 所示。

图 7-21 立即菜单

按提示要求从已有的明细栏中拾取某一待折行的表项，则该表项以上的表项（包括该表项）及其内容全部移到明细栏的左侧。

用组合键 Alt+1 切换立即菜单为"右折"，在这种状态下，用户可以将所拾取表项（包括该表项）以下的表项转移到右边一列。

图 7-22 所示为明细栏左折的例子。拾取表项为明细栏第三项。

5. 插入空行

在明细表中插入一个空白行。

操作步骤：

选择"幅面"|"明细表"|"插入空行"菜单项，系统将把一空白行插入到明细表中，如图 7-23 所示。

6. 输出数据

将明细栏中的内容输出为文本文件、MDB 文件或 DBF 文件。选择"幅面"|"明细表"|"输出数据"菜单项，系统弹出如图 7-24 所示的"输出明细表数据"对话框。

单击"指定数据库"按钮，弹出"另存为"对话框，在此对话框内选择所要输出的数据库文件名称及类型，本系统可以支持 Foxpro 及 Access 数据库，在选取完数据库文件后，在"数据库表名"内将自动列出在这个库文件下的所有表,也可以在组合框中输入新表名称以创建新表。

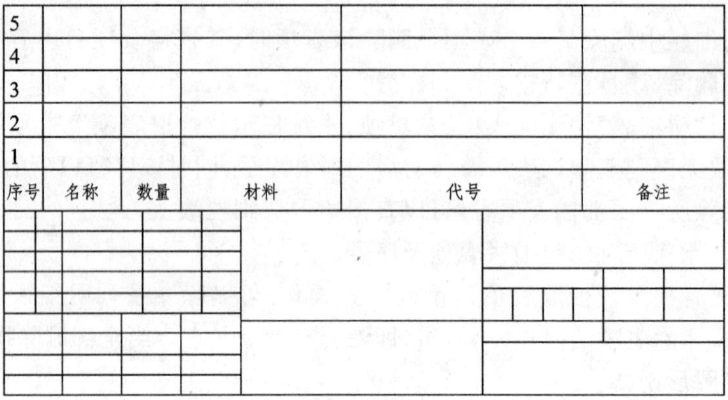

(a) 折行前的明细栏

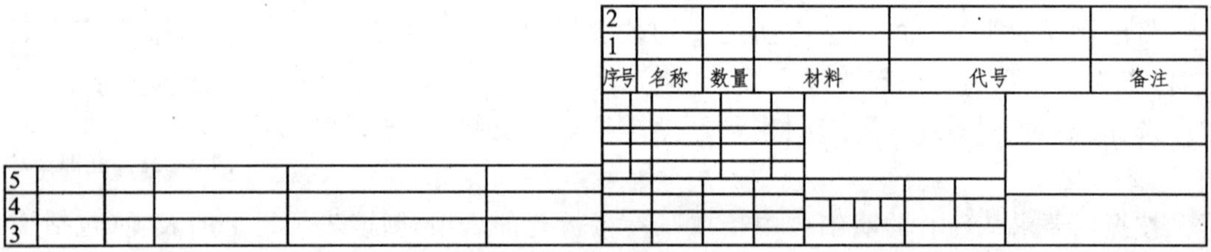

(b) 折行后的明细栏

图 7-22 明细栏左折图例

8	HC4 333-76	O型密封圈 25×24	1	耐油橡胶			
7	MDE-51-1-10	阀体	1	HT20-40			
5	MDE-51-1-103	盖板	1	HT15-33			
4	MDE-51-1-102	拨叉	1	HT15-33			
3	MDE-51-1-101	滑阀	1	40Cr			
2	GB119-76	销 3×10	1	45			
1	GB70-76	螺钉 M6×12	1	A3			
序号	代 号	名 称	数量	材料	单件	总计	备注
					重量		

图 7-23 插入空行

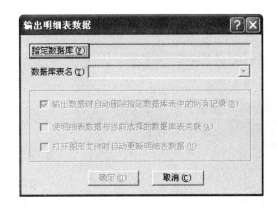

图 7-24 "输出明细表数据"对话框

注 意 如果选择已有的表,表中的域名需要与明细栏表头中的别名一致,并且格式也需要相互对应;新输入的数据自动加在表中记录的尾部。

7. 读入数据

读入 MDB 文件、DBF 文件中与当前明细栏表头一致并且序号相同的数据。

选择"幅面"|"明细表"|"输出明细表数据"菜单项,系统弹出"读入明细表数据"对话框。其操作方法与"输出数据"相同。

7.6 背景设置

CAXA 电子图板可以对背景进行设置,包括插入位图、平移背景图片、删除背景图片等三项内容,下面依次介绍。

操作步骤

① 选择"幅面"|"背景设置"|"插入位图"菜单项,弹出如图 7-25 所示"打开"对话框,选

图 7-25 "打开"对话框

择位图的路径。插入位图后,如图7-26所示。

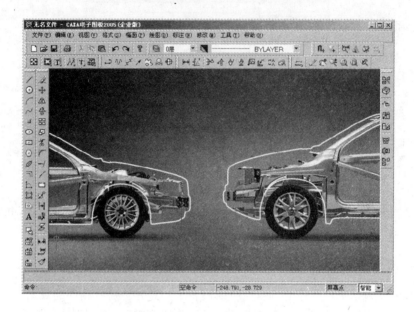

图7-26 插入位图后的背景

② 选择"幅面"|"背景设置"|"平移背景图片"菜单项,系统提示:"输入插入点",输入后操作提示变为:"移动至",选取或输入平移位置。

③ 选择"幅面"|"背景设置"|"删除背景图片"菜单项,删除背景图片的操作结束。

7.7 体验实例

本节将以图7-27所示的阀门装配图为例,展示CAXA电子图板中的标注序号、填写明细表以及添加图符功能。

操作步骤

① 单击"幅面操作"工具条中的"图纸幅面"工具按钮⊠,弹出"图符设置"对话框,单击"图纸幅面"的下三角按钮,选择A2;在"绘图比例"中选择"1∶1";将"标注字高相对幅面固定"单选钮取消;在"图纸方向"中选择"横放";单击"调入图框"的下三角按钮,选择"横A2";单击"调入标题栏"按钮,选择GB Standard,如图7-28所示。单击"确定"按钮。

② 使用"移动"命令将图形移动到图符中的适当位置,如图7-29所示。

③ 单击"标注工具"工具条中的"生成序号"工具按钮,拾取需要标注的零件图形,在适当的位置单击,如图7-30所示。

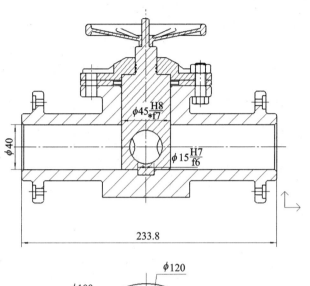
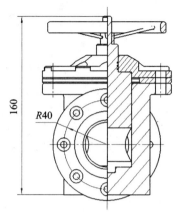
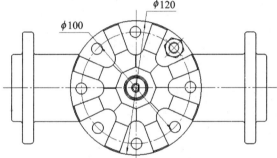

图 7－27　阀门装配图

图 7－28　"图幅设置"对话框

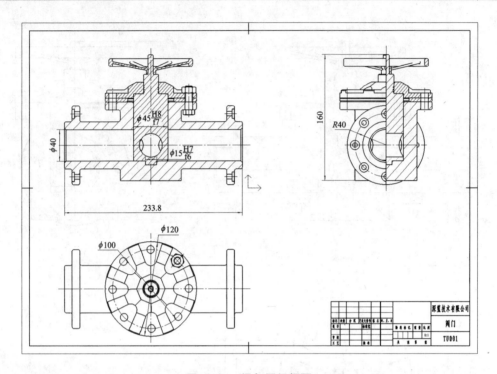

图 7-29 添加图纸幅面

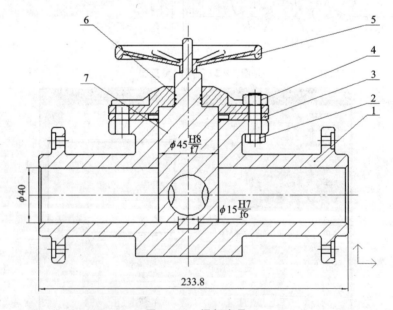

图 7-30 添加序号

④ 单击"幅面操作"工具条中的"填写明细表"工具按钮，弹出"填写明细表"对话框，如图 7-31 所示。在该对话框中先写明细表的各部分内容，当明细表中的所有项目都填写完毕后，单击"确定"按钮完成明细表的填写，如图 7-32 所示。

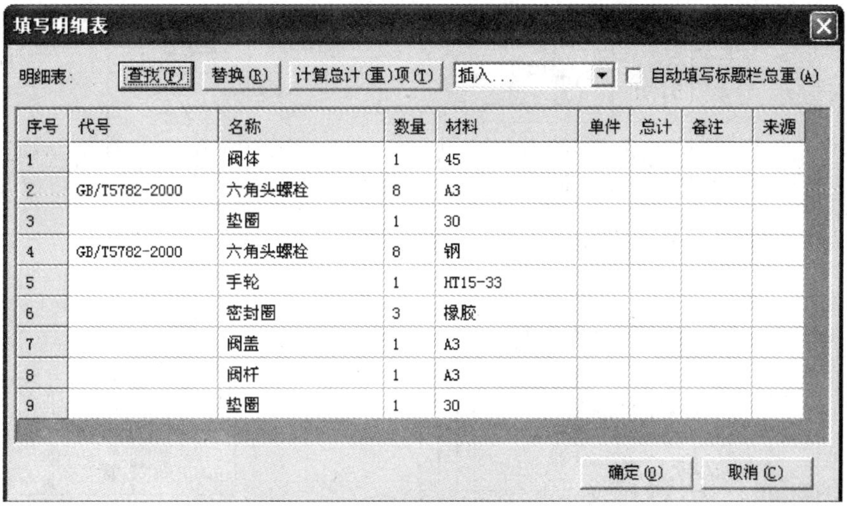

图 7-31 "填写明细表"对话框

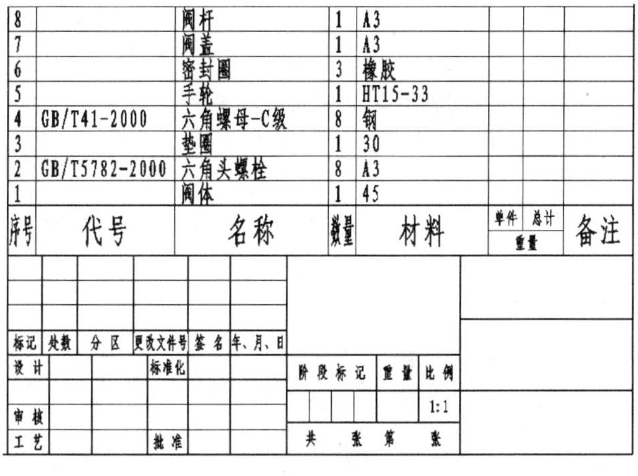

图 7-32 填写后的明细表

⑤ 单击"填写标题栏"工具按钮，弹出"填写标题栏"对话框。在该对话框中输入标题栏中的内容，单击"确定"按钮完成整个工程图中的绘制，如图 7-33 所示。

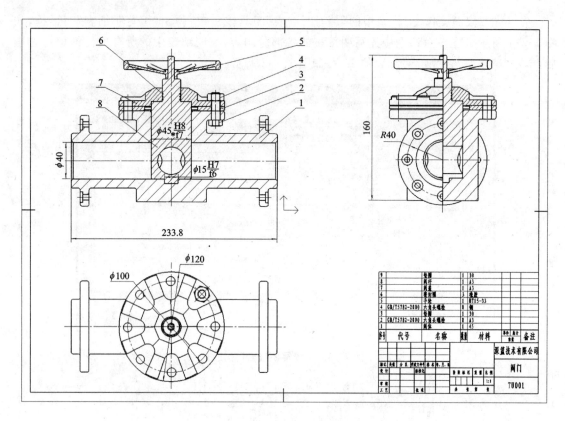

图 7-33 完成后的图形

第 8 章 文件管理与数据接口

CAXA 电子图板为用户提供了功能齐全的文件管理系统。其中,包括文件的建立与存储、文件的打开与并入、绘图输出、数据接口和应用程序管理等。使用这些功能可以灵活、方便地对原有文件或屏幕上的绘图信息进行文件管理。有序的文件管理环境既方便了用户的使用,又提高了绘图工作的效率。尤其值得一提的是其数据接口,与 AutoCAD 之间的数据交换非常出色。

8.1 新建文件

CAXA 电子图板可以创建基于模板的图形文件。"新建"对话框中列出了若干个模板文件,它们是国家标准规定的 A0~A4 的图幅、图框及标题栏模板以及一个名称为 EB.TPL 的空白模板文件。这里所说的模板,实际上相当于已经印好图框和标题栏的一张空白图纸。用户调用某个模板文件相当于调用一张空白图纸。

操作步骤

① 选择"文件"|"新文件"菜单项,或单击"标准"工具条中的"新建文件"工具按钮 ,系统弹出"新建"对话框如图 8-1 所示。

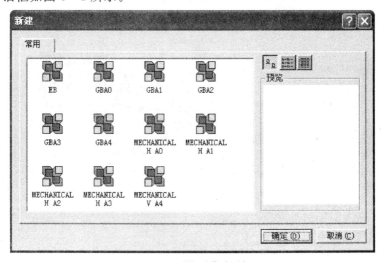

图 8-1 "新建"对话框

② 用户在画图之前,也可以不执行本操作,采用调用图幅、图框的方法或者以无名文件方式直接画图,最后在存储文件时再给出文件名。

8.2 打开文件

CAXA 电子图板不仅可以打开自身的 .exb 文件,而且还可以打开 AutoCAD 的 .dwg 文件以及 Windows 的 WMF 文件等图形文件。

选择"文件"|"打开文件"菜单项,或单击"标准"工具栏中的"打开文件"工具按钮 系统弹出"打开文件"对话框如图 8-2 所示。在"打开文件"对话框中,单击"文件类型"的下三角按钮,在下拉列表框中,可以显示出 CAXA 电子图板所支持的数据文件的类型。通过类型的选择,可以打开不同类型的数据文件。

图 8-2 "打开文件"对话框

1. 打开 DWG/DXF 文件

在"打开文件"对话框中的"文件类型"下拉列表框中选择"DWG/DXF 文件",就可打开

AutoCAD12.0 到 2006 版的 DWG/DXF 文件。

CAXA 电子图板打开 DWG/DXF 文件时，支持对 LAYOUT 图纸空间的读入。

操作步骤

① 选择"文件"|"打开文件"菜单项，或单击"标准"工具条中的"打开文件"工具按钮，系统弹出"打开文件"对话框。

② 单击"文件类型"的下三角按钮，选择"DWG/DXF 文件"，在文件选择区域选择需要打开的 DWG/DXF 文件，单击"打开"按钮，系统弹出"布局选择"对话框，如图 8-3 所示。其中：

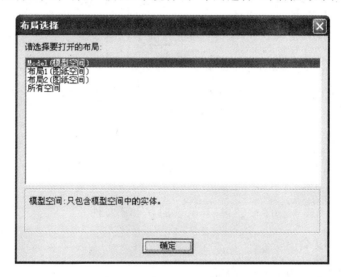

图 8-3 "布局选择"对话框

"Model(模型空间)" 只包含模型空间中的实体。

"布局(图纸空间)" 包含图纸空间的实体以及按照图纸空间视窗的比例和位置对模型空间中的实体进行变化后的实体。

"所有空间" 包含存在与模型空间和图纸空间的所有实体，且各实体都是按照所位于空间的比例和位置读入。

③ 在布局选择区域中选择需要打开的布局，单击"确定"按钮，此时系统弹出图 8-4 所示的"指定形文件"对话框。

④ 在"指定形文件"对话框中选择 .shx 文件，单击"打开"按钮。此外，CAXA 电子图板中有指定形文件的功能，选择"工具"|"选项"菜单项，打开"系统配置"对话框，如图 8-5 所示，在"参数设置"选项卡中单击"形文件路径"右边的"浏览"按钮，弹出"浏览文件夹"对话框，在其中指定形文件的路径。这样，在打开 AutoCAD 文件时将不再出现"指定形文件"对话框。

图 8-4 "指定形文件"对话框　　　　图 8-5 "系统配置"对话框

2. 打开 WMF 文件

在"打开文件"对话框中的"文件类型"下拉列表框中选择"WMF 文件",可打开 Windows 系统常用的 WMF 图形文件。

选择文件名后,单击"打开"按钮,打开所选的 WMF 文件。

3. 打开 DAT 文件

在"打开文件"对话框中的"文件类型"下拉列表框中选择"DAT 文件",可打开以文本形式生成的数据文件,获取 ME 软件几何数据。

选择文件名后,单击"打开"按钮,打开所选的 DAT 文件。

4. 打开 IGES 文件

在"打开文件"对话框中的"文件类型"下拉列表框中选择"IGES 文件",可打开 IGES 文件。

选择文件名后,单击"打开"按钮,打开所选的 IGES 文件。

5. 打开 HPGL 老/新版本文件

如果用户选择 HPGL 语言将图形输出到指定的文件中(文件扩展名一般为.PLT),则可用此功能再将文件打开到 CAXA 电子图板中。

选择文件名后,单击"打开"按钮,读入所选的 HPGL 文件。

8.3 存储文件

将当前绘制的图形以文件形式存储到磁盘上,文件格式可为 exb 图形文件和 tpl 模板文件。

操作步骤

① 选择"文件"|"存储文件"菜单项,或单击"存储文件"工具按钮 ,如果当前没有文件名,则系统弹出一个如图 8-6 所示的"另存文件"对话框。

② 在"另存文件"对话框的"文件名"文本框内,输入一个文件名,单击"确定"按钮。系统即按所给文件名存盘。

③ 要对所存储的文件设置密码,按"设置"按扭,按照提示重复设置两次密码即可。

在"另存文件"对话框中,单击"文件类型"的下三角按钮,在下拉列表框中可以显示出 CAXA 电子图板所支持的数据文件的类型,通过类型的选择可以保存不同类型的数据文件。

图 8-6 "另存文件"对话框

在"打开文件"对话框中的"文件类型"下拉列表框中可以选择"电子图板 XP 文件"、"电子图板 V2 文件"、"电子图板 2000 文件"和"电子图板 97 文件"。这一功能使电子图板各版本之间的数据转换更加便捷。

(1) 保存为 DWG/DXF 文件

保存 AutoCAD 不同版本的 DWG/DXF 文件。

支持 AutoCAD R12 到 AutoCAD 2004 的 DWG/DXF 文件的保存。

在"另存为"对话框中的"保存类型"下拉列表框中选择需要保存的 AutoCAD 格式。在"文件名"文本框中输入文件名后,单击"确定"按钮,保存所选的 AutoCAD 文件。

(2) 保存为 IGES 文件

在"另存为"对话框中的"保存类型"下拉列表框中选择"IGES 文件(*.igs)"。在"文件名"文本框中输入文件名后,单击"确定"按钮,保存所选的 IGES 文件。

(3) 保存为 HPGL 老版本文件

在"另存为"对话框中的"保存类型"下拉列表框中选择"HPGL 老版本文件(*.plt)。"在"文件名"文本框中输入文件名后,单击"确定"按钮,保存所选的 HPGL 老版本文件。

(4) 保存为位图

将所绘制图形以 *.bmp 位图格式保存。

8.4 并入文件

将用户输入的文件名所代表的文件并入到当前的文件中。如果有相同的层,则并入到相同的层中;否则,全部并入当前层。

操作步骤

① 选择"文件"|"并入文件"菜单项,弹出如图 8-7 所示的"并入文件"对话框。

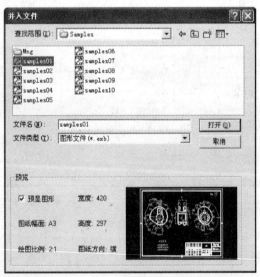

图 8-7 "并入文件"对话框

② 选择要并入的文件名,单击"打开"按钮。
③ 在系统弹出的立即菜单的"1:比例"中制定图形的比例。
④ 根据系统提示输入并入文件的定位点后,系统再提示:"请输入旋转角"。
⑤ 用户输入旋转角后,则系统会调入用户选择的文件,并将其在指定点以给定的角度并入到当前的文件中。此时,两个文件的内容同时显示在屏幕上。而原有的文件保留不变,并入后的内容可以用一个新文件名存盘。

注　意　将几个文件并入一个文件时最好使用同一个模板,模板中定好这张图纸的参数设置,系统配置以及层、线型、颜色的定义和设置,以保证最后并入时,每张图纸的参数设置及层、线型、颜色的定义都是一致的。

8.5　部分存储

CAXAD 电子图板支持将当前绘制图形的一部分图形,以文件的形式存储到磁盘上。

操作步骤
① 选择"文件"|"部分存储"菜单项,系统提示:"拾取元素"。
② 拾取要存储的元素,拾取完后右击确认。然后系统提示:"请给定图形基点"。
③ 指定图形基点后,系统弹出一个的"部分存储"对话框。该对话框与"储存文件"对话框基本相同,操作方法以一样。输入文件名后,即将所选中的图形存入给定的文件名中。

注　意　部分存储只存储了图形的实体数据而没有存储图形的属性数据(系统设置,系统配置及层、线型、颜色的定义和设置)。

8.6　DWG/DXF 批转换器

CAXA 电子图板可将 AutoCAD 各版本的 DWG/DXF 文件批量转换为 EXB 文件,也可将 CAXA 电子图版各版本的 EXB 文件批量转换为 AutoCAD 各版本的 DWG/DXF 文件,并放在制定目录下。

选择"文件"|"DWG/DXF 批转换器"菜单项,弹出"第一步:设置"对话框,如图 8-8 所示。在上方的"转换方式"区域可以设定文件的转换方式。在上方的"转换方式"区域可以设定文件的转换方式,若选择"将 EXB 文件转换为 DWG/DXF 文件"时,对话框中将出现"设置"按钮。单击"设置"按钮,弹出"选取 DWG/DXF 文件格式"对话框,可以选择转换 DWG/DXF 文件格式,如图 8-9 所示。

"第一步:设置"对话框下方的"文件结构方式"区域将文档结构方式分为"按文件列表转换"和"按目录结构转换"两种方式。

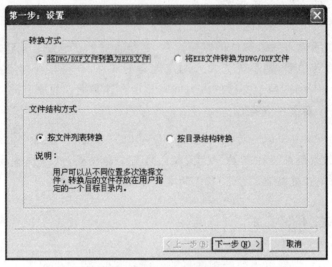

图 8-8 "第一步:设置"对话框

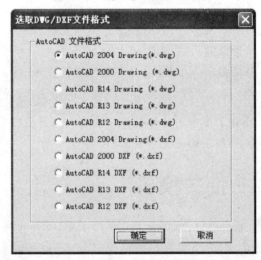

图 8-9 "选取 DWG/DXF 文件格式"对话框

(1) 按文件列表转换

从不同位置多次选择文件,转换后的文件放在用户指定的一个目标目录内。单击"下一步"按钮,弹出如图 8-10 所示的对话框。其中:

"转换后文件路径" 进行文件转化后的存放路径。可以通过单击的"浏览"按钮修改路径。

"添加文件" 单个添加待转换文件。

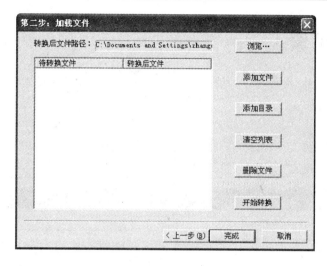

图 8-10　按列表转换

"添加目录"　添加所选目录下所有符合条件的待转换文件。
"清空列表"　清空文件列表。
"删除文件"　删除在列表内所选文件。
"开始转换"　转换列表内的待转换文件。转换完成后软件会询问是否继续操作,可以根据需要进行判断。

(2) 按目录结构转换

按目录的形式进行数据的转换,将目录里符合要求的文件进行批量转换,如图 8-11 所示。

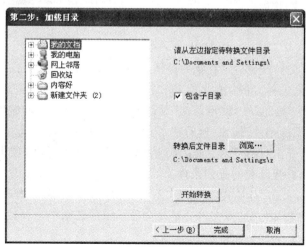

图 8-11　按目录转换

8.7 文件检索

CAXA 电子图板的"文件检索"功能可以实现在"图纸管理"中检索本地计算机或网络计算机上符合查找条件的文件。

操作步骤

①打开"图纸管理"工具,选择"文件"|"文件检索"菜单项,或直接单击"文件检索"工具按钮 ,系统弹出"文件检索"对话框,如图 8-12 所示。

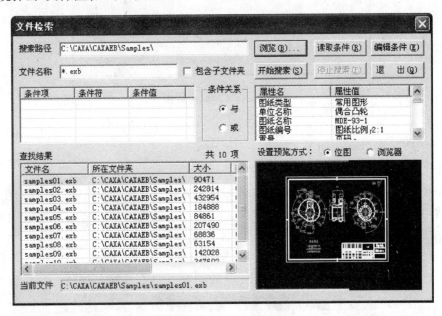

图 8-12 "文件检索"对话框

② 在"搜索路径"文本框中指定查找的范围。可以通过手工填写,也可以通过单击"浏览"按钮用路径浏览对话框选择。按文件的名称和扩展名进行查找时,支持通配符"*"。

③ 单击"编辑条件"按钮,在"编辑条件"对话框中进行相应的条件编辑,如图 8-13 所示。编辑好条件后,单击"添加条件"按钮,这时在"条件显示"栏中就会显示相应的条件内容。单击"确定"按钮后,系统会弹出"保存"对话框,可以将编辑好的条件保存,在下次使用时可以直接单击"读取条件"按钮,打开已有的查询条件。

④ 设置好条件后,单击"开始搜索"按钮,系统会自动在搜索路径内进行搜索,将符合条件的文件显示在"查找结果"内。选择文件后系统会显示零件图纸中的属性名称和属性值以及零件的图纸。

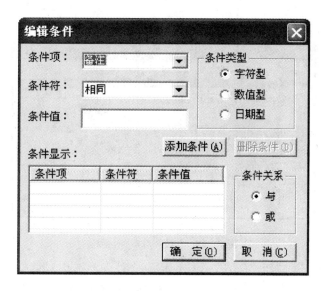

图 8-13 "编辑条件"对话框

8.8 对象链接与嵌入(OLE)的应用

对象链接与嵌入(OLE,Object Linking and Embedding),是 Windows 提供的一种机制,它使用户可以将用其他 Windows 应用程序创建的"对象"(如图片、图表、文本和电子表格等)插入到文件中。这样,可以满足多方面的需要,使用户可以方便快捷地创建形式多样的文件。有关对象链接与嵌入的主要操作有:插入对象,对象的删除、剪切、复制与粘贴,选择性粘贴,打开和编辑对象,对象的链接以及查看对象的属性等。这些功能基本上都是通过"编辑"主菜单来实现的。此外,用电子图板绘制的图形本身也可以作为一个 OLE 对象插入到其他支持 OLE 的软件中。

1. 插入对象

在文件中插入一个 OLE 对象。此操作可以创建新对象,也可以从现有文件创建;新创建的对象可以是嵌入的对象,也可以是链接的对象。

操作步骤

① 选择"编辑"|"插入对象"菜单项,弹出"插入对象"对话框,如图 8-14 所示。

② 对话框弹出时默认以创建新对象的方式插入对象,在对话框的"对象类型"列表框中列出了在系统注册表中登记的 OLE 对象类型,用户可从中选取所需的对象,单击"确定"按钮后,将弹出相应的对象编辑窗口对插入对象进行编辑,例如选择 BMP 图像,则会弹出应用程序

"画笔"进行对象编辑。

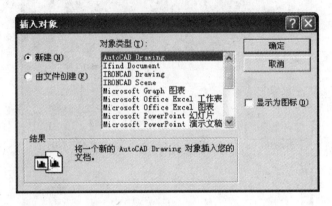

图8-14 "插入对象"对话框

③ 若在对话框中不选"新建"方式,而选择"由文件创建",则对话框如图8-15所示。用户可单击"浏览"按钮,打开"浏览"对话框,从文件列表中选取所需的文件。该文件将以对象的方式嵌入到文件中。

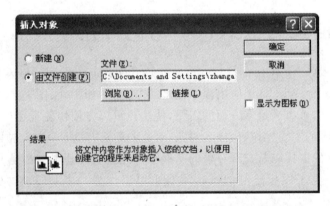

图8-15 从文件创建对象

④ 以上介绍的两种方法均是将对象嵌入到文件中,嵌入的对象将成为电子图板文件的一部分。其实,除了嵌入方式以外,还可以用链接的方式插入对象。链接与嵌入的本质区别在于,链接的对象并不真正是电子图板文件的一部分。该对象存于一个外部文件中,在电子图板文件中只保留一个链接信息,当外部文件被修改时,电子图板文件中的对象也自动被更新。实现对象链接的方法很简单,只需在图8-15所示的对话框中选中文件后,再选中"链接"复选框,单击"确定"后对象就会以链接方式插入到文件中。

⑤ 在"插入对象"对话框中还有一个"显示为图标"复选框,如果用户选中该项后,则在文件中,对象显示为图标,而不是对象本身的内容。

⑥ 这里请用户注意的是，插入对象的类型完全由用户计算机中安装的软件类型所决定。比如，如果用户的计算机中没有安装 Word，则不能在电子图板中插入用 Word 生成的文档或表格。另外，当使用有关 OLE 的操作时，应将绘图区的背景色设为白色，因为当背景色为黑色时，有些插入的对象可能会显示不出来。

2．打开和编辑对象

改变插入到文件中的对象的位置、大小和内容。

操作步骤

① 为了修改对象的位置、大小和内容，应首先选中对象。被选中对象的四周会产生 8 个被称为尺寸句柄的小黑方块，拖动小黑方块可改变对象的大小。若单击对象内部并拖动，则可以拖动对象来改变对象的位置。若单击对象时选不中对象，即对象四周不出现尺寸句柄时，可检查屏幕绘图区右下角的拾取点方式下拉列表框是否变灰，如果变灰则按 Esc 键以恢复正常拾取状态，这时再单击对象即可选中。

② 对于嵌入的对象，有两种方法打开和编辑：一种是"在位编辑"方式，使用这种方式编辑对象时，不再单独打开对象的编辑器，而是将编辑器的界面与电子图板的界面合并到一起，在电子图板的内置窗口中编辑对象，编辑完成后按 Esc 键即可返回电子图板的用户界面。另一种是"完全开放"的编辑方式，使用这种方式时将单独打开一个对象的编辑窗口，比如编辑 BMP 位图时可打开"画笔"窗口进行编辑，编辑完成后，关闭编辑窗口即返回电子图板用户界面。对于链接的对象，则只有"完全开放"一种编辑方式。

③ 对于新插入的对象，一插入到文件中就以"完全开放"方式进行第一次编辑。

④ 对于已插入的对象，选中该对象后，在"编辑"菜单中选择"……对象"选项，在弹出的下一级菜单中有"编辑"和"打开"两个选项。对于嵌入的对象，选择"编辑"选项则以"在位编辑"方式进行编辑，选择"打开"则以"完全开放"方式进行编辑。对于链接对象，不论选择哪一项均以"完全开放"方式编辑对象。

⑤ 双击对象可直接用"在位编辑"方式编辑对象，若按住 Ctrl 键双击对象，则直接进入"完全开放"编辑方式。

3．对象的删除、剪切、复制与粘贴

删除、剪切、复制和粘贴选中的对象。对象的删除、剪切、复制和粘贴与用电子图板中绘制图形的删除、剪切、复制和粘贴操作有所不同。

操作步骤

① 对象的复制和粘贴利用了 Windows 提供的剪贴板，可以与其他 Windows 软件一起进行对象的复制和粘贴操作。

② 当要删除一个对象时，应先选中这个对象，再从"编辑"菜单中选择"删除对象"选项，也

可以在选中对象后按 Delete(或 Del)键进行删除。

③ 对象的剪切、复制和粘贴与图形的剪切、复制和粘贴操作都是通过"编辑"菜单中的"图形剪切"、"图形复制"和"图形粘贴"选项来完成的,但操作方法不太相同。对于图形的操作是先选择项,再拾取图形,最后用鼠标右键结束操作;而对于 OLE 对象,则应先选中对象,再选择项来实现操作。

4. 选择性粘贴

将剪贴板中的内容按照所需的类型和方式粘贴到文件中。

操作步骤

① 在其他支持 OLE 的 Windows 软件中选取一部分内容复制到剪贴板中,比如可以在 Microsoft Word 中复制一行文字。在电子图板中的"编辑"菜单中选择"选择性粘贴"选项,弹出如图 8-16 所示的对话框。

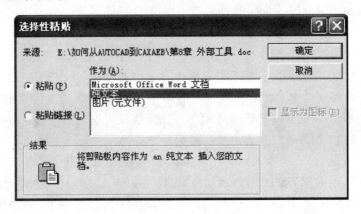

图 8-16 "选择性粘贴"对话框

② 在对话框中列出了复制内容所在的源,即来自哪一个文件。

③ 如果用户选中"粘贴",则所选内容将作为嵌入对象插入到文件中,在列表框中用户可以选择以什么类型插入到文件中。以对话框中列出的类型为例,如果用户选择了 Word 6.0 文档,则选中的文本作为一个对象被粘贴到文件中。如果选择了"纯文本",则选中的文字将以电子图板自身的矢量字体方式粘贴到文件中。如果选择了图片,则选中的文字将转换为与设备无关的图片插入到文件中。

④ 如果选中"粘贴链接"方式,则选中的文本将作为链接对象插入到文件中。

5. 链接对象

实现以链接方式插入到文件中的对象的有关链接操作。

操作步骤

① 单击选中以链接方式插入的对象。

② 选择"编辑"|"链接"菜单项,弹出如图8-17所示的对话框。这里注意,如果选中的对象是嵌入对象而不是链接对象,则"链接"选项变灰,禁止用户选择。

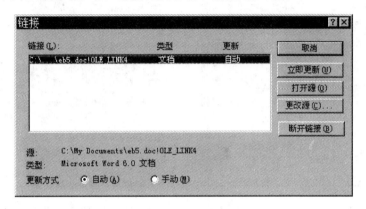

图8-17 "链接"对话框

③ 在对话框中列出了链接对象的源、类型及更新方式。如果用户选择了"手动"更新方式,则可以通过"立即更新"按钮进行对象的更新;如果选择"自动"更新方式,则插入对象会根据源文件的改变自动更新。

④ 用户可以通过"打开源"按钮打开对象所在的源文件,以实现链接对象的编辑。

⑤ 如果用户单击"更改源"按钮,将弹出"更改源"对话框,在对话框中选择与原来对象类型相同的其他文件,这样就可以通过更改链接对象源文件的方式来改变链接对象。

⑥ 如果单击"断开链接"按钮,则文件中的对象与源文件的链接关系将断开,不能再对该对象进行编辑操作,因此,断开链接操作一定要谨慎。

6. 对象属性

可进行查看对象属性,转换对象属性,更改对象的大小、图标及显示方式等操作;如果对象是以链接方式插入到文件中的,还可以实现对象的链接操作。

首先选中对象,比如选中一个BMP位图对象,然后在"编辑"菜单中选择"对象属性"选项,弹出如图8-18所示的对话框。

在对话框中有"常规"和"查看"两个选项卡,在"常规"选项卡中列出了对象的类型、大小和位置,如图8-18所示。

由于嵌入对象后使文件变得较大,因此当确认嵌入的对象不需要修改时,可单击"转换"按钮来转换对象的类型,将对象变为与设备无关的图形格式,这样将大大缩减文件的大小。这里"转换"按钮的作用和使用方法与"对象"中的"转换"选项完全一样。

若选择"查看"标签,则对话框发生改变,如图 8-19 所示。

图 8-18 "BMP 图像属性"对话框(常规选项卡)

图 8-19 "BMP 图像属性"对话框(查看选项卡)

在对话框中用户可以选择对象的显示方式,还可以通过单击"更改图标"按钮来改变对象的图标。在对话框底部的"比例"文本框中输入比例系数,则可以改变对象的大小,如果选中"相对于原始尺寸"复选框,则会按照对象插入时的原始大小再乘以比例系数所获得的大小来显示。

如果用户选择的对象为链接对象,则对话框中会多一个"链接"选项卡,如图 8-20 所示。在这个选项卡中所显示的内容和按钮的功能与图 8-17 的"链接"对话框十分相似,用户可参考前面介绍的内容进行操作。

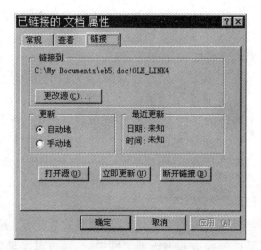

图 8-20 链接对象的属性

7. 使用右键快捷实现对象的操作

通过鼠标右键快捷、方便地实现有关 OLE 对象的所有操作。

右击 OLE 对象内部,可弹出快捷菜单,选择"BMP 图像对象"子菜单,可以实现有关 OLE 对象的几乎所有操作,每个项的功能及使用方法与前面介绍的相同,请用户参考前面章节的有关内容。

8.9 CAXA 实体设计三维数据接口

CAXA 实体设计三维数据接口实现 CAXA 电子图板与实体设计的数据转换。
(1) 接收视图
接收实体设计所输出的布局图,并利用二维电子图板方便的绘图功能进行修改。
操作步骤
① 单击"实体设计数据接口"子菜单中的"接收视图"选项,弹出如图 8-21 所示的对话框。

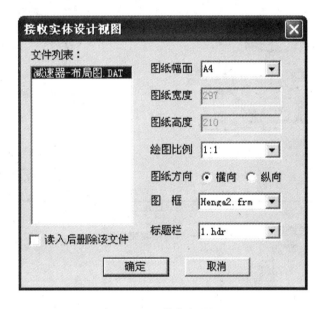

图 8-21 接收布局图

② 在对话框中选择相应的设置,单击"确定"按钮即可完成视图的接收,如图 8-22 所示。
(2) 输出草图
利用二维电子图板的绘图功能方便地绘制草图,并且将草图输出到 CAXA 实体设计中。
操作步骤
① 单击"实体设计数据接口"子菜单中的"输出草图"选项。
② 按系统提示选择需要输出的草图,右击结束命令。
③ 在 CAXA 实体设计中使用特征生成功能时,选择快捷菜单中的"读入草图"命令即可完成读入草图的操作。

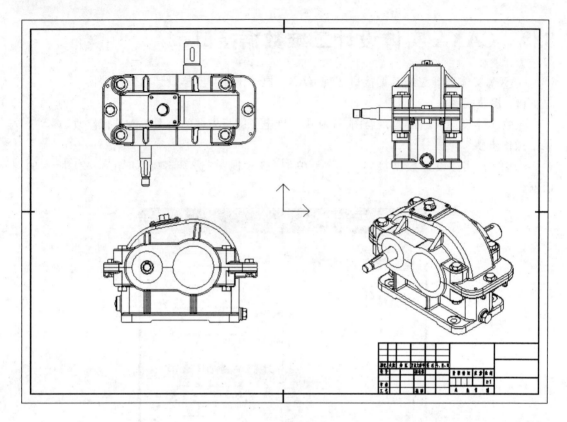

图 8-22 接收完成图

第 9 章　个人管理工具

CAXA 个人协同管理工具是面向个人应用的图文档管理系统(如图 9-1 所示)。它可以管理 CAXA 系列的文档(电子图板、工艺图表等)及其他各类电子文档,帮助用户选择自己的文件存储方式以及快速查找和浏览文件;可以按照自己需要的方式对文档进行重新组织、分类,而不用关心这些文件实际的存储路径;对于设计图纸可以提取产品信息、创建产品结构、进行图纸的完整性检查和生成各种汇总表格。这是 CAXA 电子图板中的一大特色。

9.1　用户界面

CAXA 实体设计提供了类似 Windows 资源管理器的用户界面和操作方法,熟悉资源管理器操作的用户可以快速掌握个人管理工具的使用。用户界面主要由五个部分组成,如图 9-1 所示。

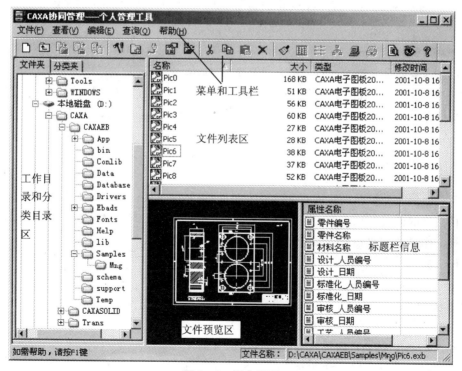

图 9-1　用户界面

用户界面的上部是标准的 Windows 应用程序的菜单和工具栏。左侧显示磁盘目录和工作目录或者文件的分类结构。右上部显示的是文件列表区，下部分别提供文件的预览区和图纸文件的标题栏信息。

操作软件提供的功能可通过以下三种方法实现：
- 选择不同菜单下的相应功能；
- 直接单击工具条上的工具按钮；
- 选择目录或文件后右击，从快捷菜单中选择相应功能。

9.2 设置工作目录

应用 CAXA 个人管理工具的第一步就是设置或创建工作目录。可以指定硬盘上的任意磁盘或文件夹作为工作目录，或新建一个文件夹后指定其为当前工作目录。设置工作目录的目的是为了方便文件的有序保存和快速查找。一旦设置了当前工作目录，在目录区就会自动显示这些文件夹的内容。

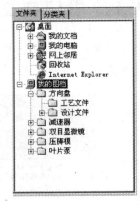

图 9-2 设置工作目录

操作步骤

① 如果硬盘上没有创建相应保存图文档的目录，请选择"文件"|"新建文件夹"菜单项，在选定的磁盘上建立一个文件夹，如"我的图档"。

② 选择"文件"|"设置工作目录"菜单项，从弹出的"文件浏览"对话框中选择需要设置为工作目录的磁盘和文件夹，单击"确定"。

③ 在左侧目录区"我的图档"下会显示指定为工作目录的文件夹和子文件夹，如图 9-2 所示。

9.3 新建文件

为了能够记录和保存文件的修改过程或版本，需要在个人管理工具内新建文件、为文件命名和选择文件的模板。

选择工作目录下的一个文件夹，作为保存新文件的地址。

操作步骤

① 选择"文件"|"新建"|"电子图板"菜单项。

② 在弹出的"新建 CAXA 电子图板"对话框（如图 9-3 所示）内，首先为新文件指定一个或多个分类（一个文件可以同时属于多个分类）。

③ 在"文件名"输入栏内输入新建文件的名称。

④ 如果要为新文件选一个模板，单击"选择模板"按钮，弹出如图 9-3 所示对话框。

⑤ 在模板选择对话框内选择一个模板,然后单击"打开"按钮。

图 9-3 选择模板对话框

9.4 图文档分类

用户可以根据自己的需要建立文件的分类规则,如按照产品的类型分类、按照零件的加工属性分类或按照客户分类等。可以为工作目录、磁盘目录甚至共享目录下的文件指定分类所属,同一文件可以属于多个不同的分类,如图 9-4 所示。

图 9-4 图文档分类

9.5 打开和编辑文件

为了保存和记录文件的修改过程,需要在个人管理工具环境下打开和编辑已有的文件。

操作步骤

① 通过工作目录或分类目录定位需要打开和编辑的图纸文件。
② 在文件列表区选择需要编辑的图纸文件,右击,选择"打开"选项,如图9-5所示。
③ 系统会根据所编辑文件的类型,启动相应的应用程序并打开需要编辑的零件。
④ 编辑完成后,选择存储文件功能保存文件,然后退出应用程序。

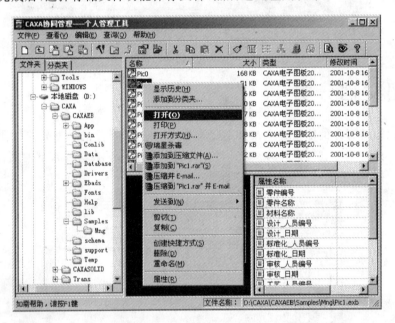

图9-5 打开文件

9.6 模板文件

全部模板文件保存在电子图板安装路径的\support目录下,可以把需要的文件模板保存在这个目录下,并可建立分类的子目录。这样,当执行新建文件和选择模板时,系统会自动查找到这个目录下的所有模板文件。

9.7 图文档浏览、查询与文件检索

对用户工作目录和分类目录中列出的设计图纸或工艺文件,可以方便进行浏览。通过预览窗口和属性栏,不用打开文件就可详细了解文件的内容以及图纸标题栏的信息。

CAXA 个人管理工具内置的浏览器可以浏览 CAXA 电子图板和工艺图表的文件,后续版本将可浏览 CAXA 实体设计和 AutoCAD 的文件。

注意　在图纸预览窗口双击可以以全屏方式预览图纸文件,再次双击预览窗口后,返回到原来的状态,如图 9-6 所示。

CAXA 个人管理工具提供搜索、查询工具,可以按照图纸的多种属性在磁盘目录中快速查找所需要的图纸或工艺文件。

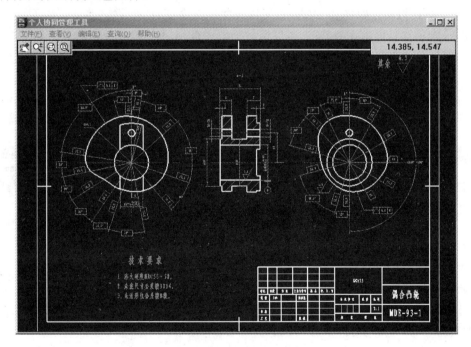

图 9-6　预览器

文件检索的主要功能是从本地计算机或连接在网络上的计算机上查找符合条件的文件。

操作步骤

① 选择"文件"|"文件检索"菜单项。

② 弹出"文件检索"对话框,如图 9-7 所示,按下面对每一类选项的说明,选择各种检索条件。

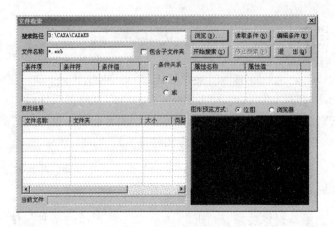

图 9-7 "文件检索"对话框

检索条件可以指定路径、文件名、电子图板文件标题栏中属性的条件。

"搜索路径" 指定查找的范围,可以通过手工填写,也可以通过单击"浏览"路径浏览对话框选择,通过"包含子目录"选项可以决定只在当前目录下查找还是包括子目录。

"文件名称" 指定查找文件的名称和扩展名条件,支持通配符"＊"。

"条件属性" 显示标题栏中信息条件,指定条件之间的逻辑关系("与"或"或")。标题栏信息条件可以通过"编辑条件"选项激活"编辑条件"对话框进行编辑。

"查找结果" 实时显示查找到的文件的信息和文件总数。选择一个结果可以在右面的属性区查看标题栏内容和预显图形,通过双击可以用电子图板打开该文件。

"预显图形" 用小图形预显图形,可以通过"预显图形"选择按钮决定是否预显图形。

"当前文件" 在查找过程中显示正在分析的文件,查找完毕后显示的是所选择的当前文件。

图 9-8 "编辑条件"对话框

"编辑条件" 单击"编辑条件"按钮,弹出"编辑条件"对话框(如图9-8所示),进行条件编辑。

要添加条件必须先单击"添加条件"按钮,使条件显示区出现灰色条。条件分为"条件项"、"条件符"、"条件值"三部分。

"条件项" 指标题栏中的属性标题,如设计时间、名称等;下拉列表框中提供了可选的属性。

"条件符" 分为三类:"字符型"、"数值型"和"日期型"。每类有几个选项,可以通过条件符的下拉列表框选择。

"条件值" 相应的逻辑符分为三类："字符型"、"数值型"和"日期型"。可以通过条件值后面的文本框输入值,如果条件类型是日期型,文本框会显示当前日期,通过单击右面的箭头可以激活日期选取对话框进行日期选取。

如:要查找设计日期在 2000 年 8 月 20 日之前的图纸,先单击"添加条件"按钮,在"条件项"的下拉列表框中选择设计日期,在"条件类型"中选择"日期型",然后在"条件符"中选择"早于",在"条件值"中选择 2000 年 8 月 20 日,则产生了一个条件,显示在"条件显示"区。

"条件关系" 当添加了两条以上的条件则可以进行条件关系的选择,条件关系分为:"与"、"或"两种。

③ 选中条件显示区的条件后可以进行删除或编辑。

④ 编辑好条件后,单击"添加条件"按钮,这时在"条件显示?"栏中就会显示相应的条件内容。单击"确定"按钮后,系统会弹出"保存"对话框,可以将编辑好的条件保存,在下次使用时可以直接单击"读取条件"按钮,打开已有的查询条件。

说明:

在安装目录的\data 目录下有一个 default.cap 文件,其中记录了"条件项"的可选项。该文件为文本格式,用户可以根据实际情况定制备选条件项的内容:用文本编辑器按如下格式输入文件内容:

```
* * *              //大标题标记
产品图             //大标题
部门
设计时间
设计_人员编号
* * *
部件图
审核_人员编号
重量
材料
* * *              //文件结束标记
```

⑤ 备份原来的 default.cap,将刚编辑好的文件存为 default.cap,则在此打开"编辑条件"对话框时,标题来源有产品图和部件图两个选项,对应产品图有部门、设计时间及设计_人员编号等,对应部件图有审核_人员编号、重量及材料等选项。也可以将文件存为其他以 cap 为后缀名的文件,然后将原来的 default.cap 文件删除或移走,在初始化编辑条件对话框时根据提示指定新的标题文件。

⑥ 删除和编辑,选中"条件显示"区的条件可以进行删除或编辑。

9.8 文件版本记录

在系统下打开编辑过的文件,只要每次修改后进行了保存,系统就会自动保存同一文件的一个新的版本。

操作步骤

① 通过工作目录或分类目录定位需要进行版本操作的文件。

② 在文件列表区选择需要编辑的图纸文件,右击,选择"显示历史"。

③ 系统弹出版本操作对话框,如图9-9所示。系统自动设定最新保存的版本为当前版本。

图9-9 版本操作对话框

④ 如要指定其他版本作为当前版本,用光标选择这个版本,然后单击"设为当前版本"功能按钮。

⑤ 如要删除某一版本,用光标选择这个版本,然后单击"删除"按钮。

⑥ 如要删除某一版本以后的所有版本,用光标选择这个版本,然后单击"删除以后版本"按钮。

9.9 生成产品结构

如果图纸文件中包含表示产品结构的明细表,系统可以根据这些信息自动创建产品结构并根据图纸代号的匹配规则,检查指定目录下是否存在对应的零件图纸。如果存在则与生成的产品结构建立联系,使用户可以根据产品结构检索对应的图纸文件。另外,用户也可以手动建立产品结构,然后与图纸文件一一建立联系。

(1) 自动建立产品结构

指定一套产品的图纸所在的路径集和关键属性(如图号、零件编号等),系统自动提取和分析数据,建立反映其装配关系的产品树。

操作步骤

① 选择"文件"|"自动生成产品树"菜单项,或者单击"新建项目"工具按钮,即可激活自动建立产品树功能。在弹出的"自动生成产品树"对话框中选择文件路径,如图9-10所示。

② 单击自动生成产品树对话框中的"添加目录"按钮,在弹出目录选择对话框中找到需要生成产品树的图纸所在的文件夹。单击确定后,可以看到选择的文件路径添加到了自动生成产品树对话框的"源文件目录"下的"源文件路径"栏中。重复上述操作,可以添加多个路径。如果目录中存在子目录,可以选中对话框中的"包含子目录中的图纸文件"复选框。

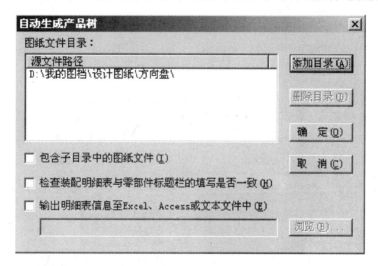

图9-10 "自动生成产品树"对话框

③ 单击"确定"后,弹出"正在分析数据,请稍候"提示对话框。如果图纸中存在错误,系统会弹出相应的提示信息;如果想跳过该信息,单击"取消"即可继续。数据分析完成后,系统将弹出"完成"提示框,提示完成了自动建立产品树,请手动修改不合适的部分。

注 意 产品结构生成后,系统会用当前的结构替换以前生成的其他产品的结构,而不对原来的结构进行保存。

(2) 手动建立产品结构

操作步骤

① 选择"文件"|"手动生成产品树"|"新建项目"菜单项。

② 在弹出的"新建项目"对话框中单击"浏览"按钮,然后在"打开"对话框中选定要添加的

图纸文件并打开,如图 9-11 所示。

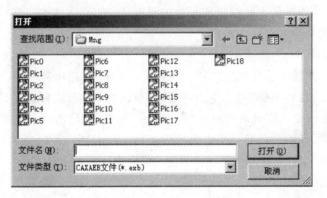

图 9-11 "打开"对话框

③ 将图纸文件添加到"新建项目"对话框后,可以对图纸文件进行属性定义、修改,预览图形,还可以增加属性和删除属性,如图 9-12 所示。

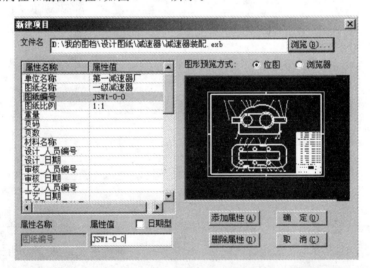

图 9-12 "新建项目"对话框

④ 单击"确定"后,弹出"获得标题"对话框,在"表示名称的项"的子菜单中选择表示该组件的名称的标题,如选择"图纸名称",如图 9-13 所示。

⑤ 按"确定"按钮后,便将该图形文件作为产品树的根结点添加到图纸管理系统中去。如果该图纸中有明细表信息,系统会提示是否将明细表信息也一起添加到产品树中,如果选择"是"。系统将明细表中的零部件添加到根结点的下一级结点,但是并没有与该零部件的图纸文件建立联系(产品树中结点图标为空白图纸)。

232

图 9 – 13 "获得标题"对话框

⑥在产品树显示栏的显示零件上右击出现快捷命令菜单。下面对快捷菜单中与产品树相关的选项做一详细说明：

"链接文件" 将已存在于树中的组件与图纸文件建立链接。

"编辑属性" 编辑、修改某组件的属性值。

"校核重量" 计算比较图纸中单个零件的重量与明细表中根据数量计算的总重量。

"删除组件" 将不合适的组件删除。

"复制组件" 复制被选组件并将其放入暂存树。

"剪切组件" 剪切被选组件并将其放入暂存树。

"粘贴组件" 插入暂存树内容。

"打开图纸" 用电子图板打开文件。

(3) 将产品结构输出到 Excel、Access 或文本文件中

操作步骤

① 选择"文件"|"自动生成产品树"菜单项，在"自动生成产品树"对话框（如图 9 – 14 所示）中选择"输出明细表信息至 Excel、Access 或文本文件中"复选框。

② 单击"浏览"按钮，在"文件名"文本框中输入文件名，在"保存类型"的下拉菜单中选择相应的文件类型，单击"保存"按钮完成，如图 9 – 15 所示。

(4) 建立产品树过程中检查一整套产品设计图纸填写内容是否正确

操作步骤

① 选择"文件"|"自动生成产品树"菜单项，在弹出"自动生成产品树"对话框中选择"检查装配明细表与零部件标题栏的填写是否一致"复选框，单击"确定"按钮。

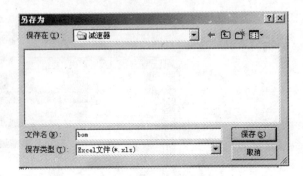

图 9-14 "自动生成产品树"对话框　　　　图 9-15 "另存为"对话框

② 如果发现图纸中明细表与标题栏内容不一致,系统会弹出提示对话框,可以选择读入信息的类型,也就是读入信息以标题栏为准还是以明细表为准,如图 9-16 所示。

注　意　对话框中的"修改",并不会修改图纸中的相应内容。

图 9-16 "校对明细表与标题栏信息"对话框

9.10　汇总各种报表

对已经生成产品结构树的产品,可进行产品的各类汇总,如:标准件汇总、零部件汇总和重量校核等汇总统计。具体操作可通过以下功能完成。

1. 分类 BOM 表

通过条件查询,可以实现输出三表(图样目录、标准件和外购件等)以及自定义条件的查询和结果的输出;可以对结果的各项内容按字母或数量的升序与降序进行排序;用户可以自定义所需的输出项,并可以选择将结果输出到 Excel、Access 或记事本中。

操作步骤

① 建立产品结构后,在产品结构标题名称上右击,选择"分类 BOM 表",弹出"分类 BOM

表"对话框,如图 9-17 所示。

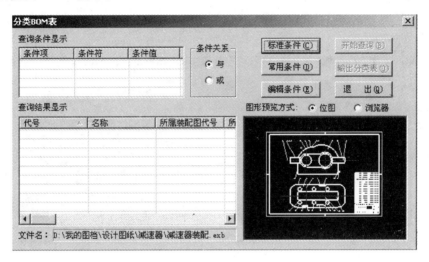

图 9-17 "分类 BOM 表"对话框

② 单击"分类 BOM 表"对话框中的"标准条件"按钮,在"打开"对话框中的"查找范围"内选择软件安装目录下的 Data 文件夹,选择相应的查找条件(软件自带图样目录、标准件和外购件三个查询条件),如图 9-18 所示。

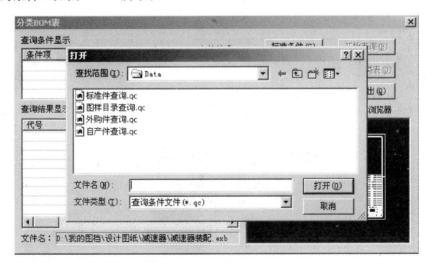

图 9-18 "打开"对话框

③ 如果查询条件与实际图纸不符,可以直接单击"编辑条件"按钮,在弹出的"编辑条件"对话框中对查询条件进行修改,如图 9-19 所示,修改好后直接单击"确定"按钮,将修改好的

查询条件保存(另存在其他目录下),下次再使用时可以直接单击"常用条件"调用。

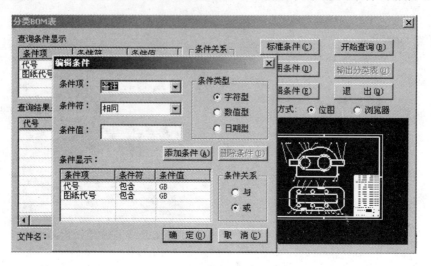

图 9-19 "编辑条件"对话框

④ 查询条件设置好后,单击"开始查询"按钮,对产品内容进行查询,并且可以直接单击"输出分类表"按钮,将查询结果输出到 Excel、Access 或记事本中。

⑤ 查询结果显示后,只需要单击相应的列,就可以根据各项内容的字母或数量的升序与降序进行排序。

⑥ 得到查询结果后,单击"输出分类表",系统会弹出"设置输出项目"对话框,如图 9-20 所示。可以调整输出项目的内容和位置,调整好所需输出的项目后,单击"确定"按钮,然后在

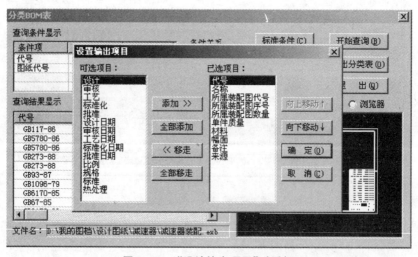

图 9-20 "设计输出项目"对话框

"保存"对话框中填入文件名并选择输出的文件类型。

2. 装配 BOM 表

通过条件查询,输出能够显示产品装配关系的明细表信息到 Excel、Access 或记事本中。

操作步骤

① 选择"查询"|"装配 BOM 表"菜单项,或直接单击"装配 BOM 表"工具按钮,软件会弹出"装配 BOM 表"对话框,如图 9 – 21 所示。

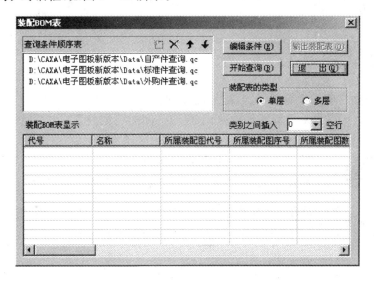

图 9 – 21 "装配 BOM 表"对话框

② 单击查询条件表内的"新建"工具按钮后,单击"浏览"按钮,在"打开"对话框中选择相应的查询条件,单击"打开"完成查询条件的添加。

③ 同理,可以使用"删除"工具按钮,删除查询条件。软件中的"上移"工具按钮和"下移"工具按钮,可以调整查询条件的顺序。

④ 装配表的类型选择"多层",类别之间插入"1",也就是类别之间空一行,这样可以显示不同零件的装配关系。

⑤ 条件添加好后,单击"开始查询"按钮,软件会自动根据查询条件显示产品的装配关系。如果需要还可以对查询条件进行编辑,并对查询内容进行输出。以上这些操作基本与"分类 BOM 表"的操作一致。

第 10 章 外部工具

CAXA 电子图板软件中额外提供了一些外部工具,用户可以使用这些外部工具对图纸文件方便的管理以及操作。

10.1 图纸管理

CAXA 电子图板的图纸管理系统,对于产品的开发管理以及与其他 CAD 软件交互数据有重要的意义。它可以自动提取图纸数据,分析产品间的装配关系,建立反映这种关系的产品树;也可以手工建立产品树,并进行插入、链接、用 EB 打开、删除、复制、粘贴和剪切等操作;还可以方便地对产品进行查询、统计和汇总系统信息等操作。

双击"图纸管理"启动按钮,就可进入"图纸管理系统"界面,如图 10-1 所示。

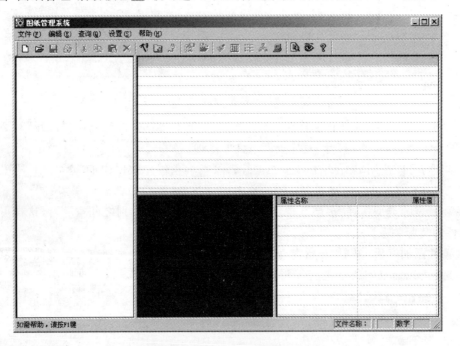

图 10-1 图纸管理界面

1. 产品树建立

产品树包括自动生成和手动生成产品树,它们需要建立路径、数据和目标等。

(1) 自动建立产品树

指定一套产品的图纸所在的路径集和关键属性(如图号、零件编号等),系统自动提取和分析数据,建立反映其装配关系的产品树。

操作步骤

① 选择图纸管理系统主菜单"文件"|"自动生成产品树"或单击"自动建树"工具按钮 ,即可激活自动建立产品树功能。

② 在弹出的"自动生成产品树"对话框中选择文件路径,如图10-2所示。

③ 单击"自动生成产品树"对话框中的"添加目录"按钮,在弹出"浏览文件夹"对话框中找到需要生成产品树的文件夹,如图10-3所示。

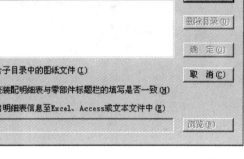

图10-2 "自动生成产品树"对话框　　　　图10-3 "浏览文件夹"对话框

④ 单击"确定"按钮后,可以看到选择的文件路径添加到了"自动生成产品树"对话框的"源文件目录"下的"源文件路径"栏中。重复上述操作,可以添加多个路径。如果目录中存在子目录,可以选中对话框中的"包含子目录中的图纸文件"复选框,如图10-4所示。

⑤ 单击"确定"按钮后,弹出"正在分析数据,请稍候"提示对话框,如图10-5所示。

⑥ 单击"确定"按钮后,弹出"完成"提示框,提示完成了自动建立产品树,请手动修改不合适的部分,如图10-6所示。

⑦ 单击"确定"按钮后,便在图纸管理系统中自动生成被选择文件的产品树。在详细资料中显示了一些在自动生成过程中记录的信息,如图10-7所示。

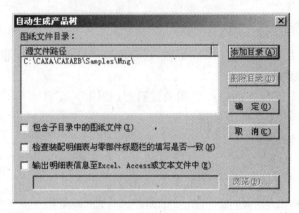

图 10-4 获得文件路径

图 10-5 分析数据提示

图 10-6 完成提示

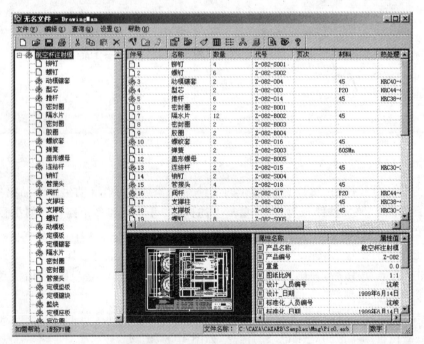

图 10-7 生成产品树

（2）读入 EB97 图形文件的图纸信息

读入 EB97 图形文件的图纸信息，对图纸信息进行查询、统计和汇总系统信息等操作。

操作步骤

① 打开软件的安装目录，在目录中的 Data 文件夹内有一个文件名为 StdAttrib 的文件。使用"记事本"（txt 文本格式）打开该文件，如图 10-8 所示。

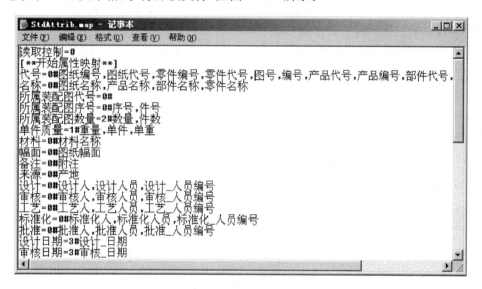

图 10-8　StdAttrib 记事本文件

② 在默认情况下，文档的"读取控制"等于 0，此时软件不能读取 EB97 图形文件的图纸信息。只有当"读取控制＝97"并保存文件时，软件才可以读取 EB97 图形文件的图纸信息，如图 10-9 所示。

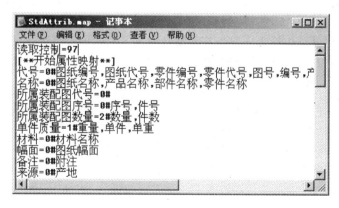

图 10-9　修改后的 StdAttrib 文件

③ 保存 StdAttrib 文件后退出。打开"图纸管理"系统,选择"文件"|"自动生成产品树"菜单项,在弹出"自动生成产品树"对话框。选中"指定提取 EB97 图纸信息所需的模板文件"复选框,通过浏览的方法打开相应的读入模板。

④ 单击"添加目录"按钮,选择相应的产品内容,单击"确定"按钮进行数据读取。

注 意　EB97 图纸信息所需的模板文件是需要用户自己定义的。

(3) 将提取到的数据直接输出到 Excel、Access 或文本文件中

将提取到的明细表数据直接输出到 Excel、Access 数据库或文本文件中。

操作步骤

① 打开"图纸管理"系统,选择"文件"|"自动生成产品树"菜单项,系统会弹出"自动生成产品树"对话框,如图 10-10 所示。选择"输出明细表信息至 Excel、Access 或文本文件中"复选框。

② 单击"浏览"按钮,系统弹出"另存为"对话框,如图 10-11 所示。在"文件名"文本框中输入文件名,在"保存类型"的下拉列表框中选择相应的文件类型。单击"保存"按钮完成操作。

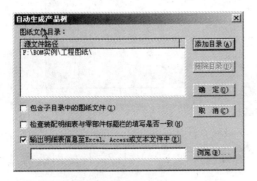

图 10-10　"自动生成产品树"对话框

图 10-11　选择保存类型

(4) 建立产品树过程中检查一整套产品设计图纸填写的内容是否正确

建立产品树过程中检查一整套产品设计图纸填写的内容是否一致,如果不一致系统会有相应的提示,并让用户选择。

操作步骤

① 选择"文件"|"自动生成产品树"菜单项,系统会弹出"自动生成产品树"对话框,如图 10-12 所示。选择"检查装配明细表与零部件标题栏的填写是否一致"复选框,单击"确定"。

② 如果发现图纸中明细表与标题栏内容不一致,系统会弹出提示对话框,可以选择读入信息的类型,也就是读入信息以标题栏为准还是以明细表为准,如图 10-13 所示。

注 意　对话框中的"修改",并不会修改图纸中的相应内容。

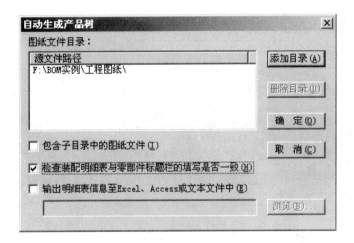

图 10-12 "自动生成产品树"对话框

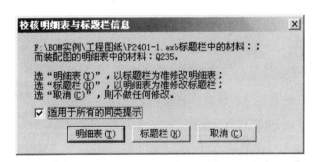

图 10-13 校核明细表与标题栏

(5) 手动建立产品树

手工建立产品树。

操作步骤

① 选择"文件"|"手动生成产品树"|"新建项目"菜单项。

② 在弹出的"新建项目"对话框中单击"浏览"按钮,然后在"打开"对话框中选定要添加的图纸文件,并单击"打开"按钮,如图 10-14 所示。

③ 将图纸文件添加到"新建项目"对话框后,如图 10-15 所示,可以对图纸文件进行属性定义、修改和预览图形,还可以增加属性和删除属性。

④ 单击"确定"按钮后,弹出"获得标题"对话框,在"表示名称的项"的下拉列表框中选择表示该组件的名称的标题,如图 10-16 所示。

⑤ 单击"确定"按钮后,便将该图形文件作为产品树的根结点添加到图纸管理系统中去。如果该图纸中有明细表信息,则系统会提示是否将明细表信息也一起添加到产品树中;如果选

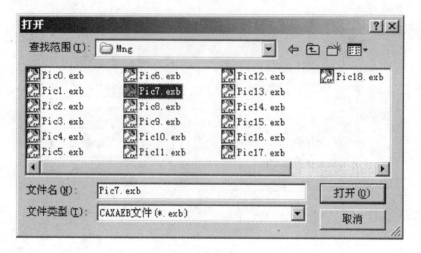

图 10-14 添加产品

择"是",则系统将明细表中的零部件添加到根结点的下一级结点,但是并没有与该零部件的图纸文件建立联系(产品树中结点图标为空白图纸)。

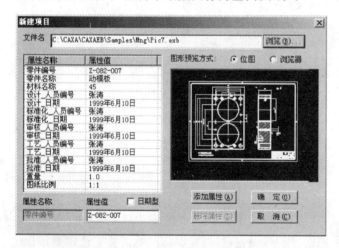

图 10-15 属性修改　　　　　　　　　图 10-16 获得标题

⑥ 在产品树显示栏的显示零件上右击出现快捷菜单,选择"添加组件"项,系统显示:"向已有产品树添加零部件",如图 10-17 所示。

下面介绍在产品树中的零部件上右击弹出的快捷命令菜单的各项功能。

"添加组件"　向已有产品树中添加零部件。

"联接文件"　将已存在于树中的组件与图纸文件建立连接。

"编辑属性"　编辑、修改某组件的属性值。

第10章 外部工具

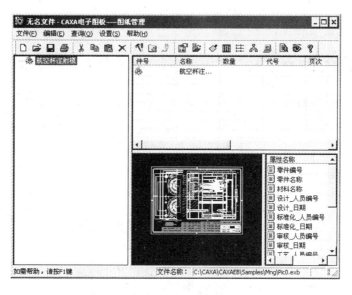

图10-17 添加组件

"删除组件" 将不合适的组件删除。
"复制组件" 复制被选组件并将其放入暂存树。
"剪切组件" 剪切被选组件并将其放入暂存树。
"粘贴组件" 插入暂存树内容。
"打开文件" 用EB电子图板打开文件。

⑦ 单击后弹出"添加零部件"对话框。与步骤②～⑤操作相同,将零部件添加到产品树中去,如图10-18所示。

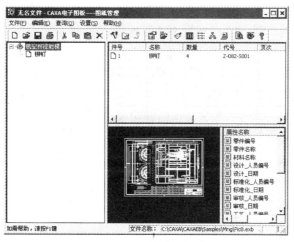

图10-18 添加零部件

⑧ 重复步骤⑥、⑦的操作将总装配图的所有零部件都添加到产品树中,这样就完成了一个手工建立的产品树,如图 10-19 所示。

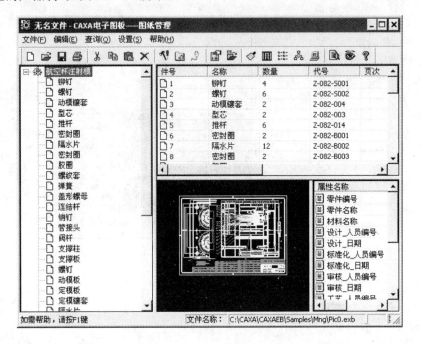

图 10-19　生成手动产品树

2. 设置显示内容

对"图纸管理系统"中的产品树零部件的标题栏和明细表显示内容进行设定。

操作步骤

① 选择"设置"|"显示内容"|"标题栏"菜单项,弹出"显示设定"对话框,如图 10-20 所示。

② 在"属性名称"列表中选择需要显示的属性名称单击"确定"按钮即可。此外,还可以根据需要删除某些属性。

③ 选择子菜单中的"明细表"也会弹出同样的"显示设定"对话框,重置属性名称中各项的状态可以对明细表中的显示内容进行设置。

3. 设置预览方式

对图纸管理系统中的产品树零部件的图形显示方法进行设定。

操作步骤

① 选择"设置"|"设置预览方式"菜单项,如图 10-21 所示。

第 10 章 外部工具

图 10-20 标题栏显示设定

图 10-21 子菜单

② 在"预览方式"子菜单中选择相应的图形预览方式。

"位图" 如果选择位图浏览图形,只能浏览整张图纸,并不能放大、缩小和平移图纸,但是这种浏览方式不需要占用计算机的太多资源,因此显示速度较快。

"浏览器" 选择浏览器浏览图形,可以使用放大、缩小和平移的方法浏览图纸,但是这种浏览方式需要占用计算机的部分资源,因此显示速度较慢。

4. 信息查询

对产品树中的信息进行查询,可以方便的编辑查询条件并自由组合,对查询结果可以进行预览、打开、保存和打印等操作。

(1) 更新数据

产品树建立完成后,如果图纸中明细表或标题栏内容有所修改,可以通过"更新数据"来更新图纸管理中的产品信息内容。

选择"查询"|"更新数据"菜单项,或者直接单击"更新数据"工具按钮,系统会弹出相应的提示框,单击"是"按钮,完成数据的更新。

(2) 校核重量

对产品信息中的明细表与标题栏内容进行重量校核。

产品树建立完毕后,选择"查询"|"校核重量"菜单项,或者直接单击"校核重量"工具按钮,对产品信息中的明细表与标题栏内容进行重量校核。如果软件检测到明细表与标题栏内容不符或缺少相关信息,系统会弹出相应提示框。

(3) 分类 BOM 表

通过条件查询,可以实现输出三表(图样目录、标准件和外购件等)以及自定义条件的查询和结果的输出;也可以对结果的各项内容按字母或数量的升序与降序进行排序;还可以自定义所需输出的项目,并选择将结果输出到 Excel、Access 或记事本中。

操作步骤

① 建立产品树后,选择"查询"|"分类 BOM 表"菜单项,或者直接单击"分类 BOM 表"工具按钮,系统会弹出"分类 BOM 表"对话框,如图 10-22 所示。

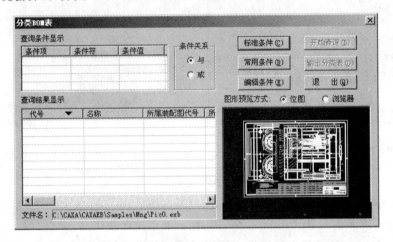

图 10-22 "分类 BOM 表"对话框

② 单击"分类 BOM 表"对话框中的"标准条件"按钮,在"打开"对话框中的"查找范围"内选择软件安装目录下的 Data 文件夹,选择相应的查找条件(软件自带图样目录、标准件和外购件三个查询条件),如图 10-23 所示。

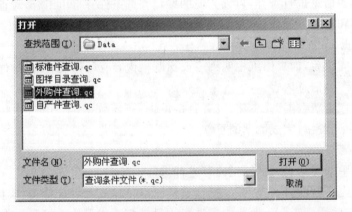

图 10-23 选择"查找范围"

③ 如果查询条件与实际图纸不符,可以直接单击"编辑条件"按钮,在弹出的"编辑条件"对话框中对查询条件进行修改,如图 10-24 所示,最后单击"确定"按钮,将修改好的查询条件保存(另存在其他目录下),在下次使用时可以直接单击"常用条件"调用。

④ 查询条件设置好后,单击"开始查询"按钮,对产品内容进行查询,并且可以直接单击"输出分类表"按钮,将查询结果输出到 Excel、Access 或记事本中。

⑤ 查询结果显示后,只需要单击相应的列,就可以根据各项内容的字母或数量的升序与降序进行排序。

⑥ 得到查询结果后,单击"输出分类表",系统会弹出"设置输出项目"对话框,如图 10-25 所示,可以调整输出项目的内容和位置,调整好所需的输出项目后,单击"确定"按钮。然后在"保存"对话框中填入文件名并选择输出的文件类型。

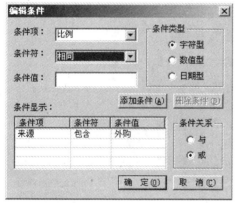
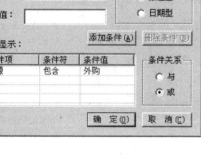

图 10-24 "编辑条件"对话框　　　　　图 10-25 "设置输出项目"对话框

(4) 装配 BOM 表

通过条件查询,输出能够显示产品装配关系的明细表信息到 Excel、Access 或记事本中。

操作步骤

① 选择"查询"|"装配 BOM 表"菜单项,或者直接单击"装配 BOM 表"工具按钮,软件会弹出"装配 BOM 表"对话框,如图 10-26 所示。

② 单击"装配 BOM 表"中的"新建"工具按钮,单击"浏览"工具按钮,在"打开"对话框中选择相应的查询条件。单击"打开"完成查询条件的添加,如图 10-27 所示。

③ 同理,可以使用"删除"工具按钮,删除查询条件。使用软件中的"上移"工具按钮和"下移"工具按钮,可以调整查询条件的顺序。

④ 装配表的类型选择"多层",类别之间插入"1",也就是类别之间空一行,这样可以显示不同零件的装配关系。

⑤ 条件添加好后,单击"开始查询"按钮,软件会自动根据查询条件显示产品的装配关系,

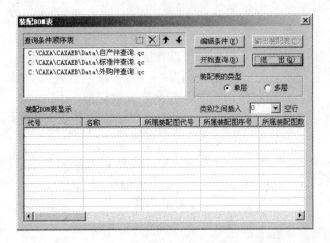

图 10-26 "装配 BOM 表"对话框

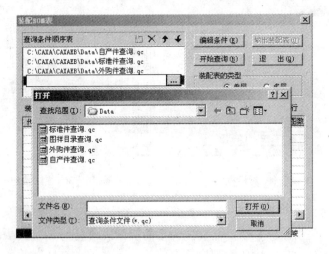

图 10-27 添加查询条件

如图 10-28 所示。

⑥ 如果需要还可以对查询条件进行编辑,并对查询内容进行输出。以上这些操作基本与"分类 BOM 表"的操作一致,这里就不再重复了。

(5) 系统信息

以文本方式显示产品树的总体信息、结构信息和图纸信息,并可存为文件或打印。

操作步骤

建立产品树后,单击并选择"查询"下拉菜单中的"系统信息"或者直接单击"系统信息"工具按钮 ,软件会弹出相关产品的系统信息,并且可以反映相应的产品结构和零件属性信息。

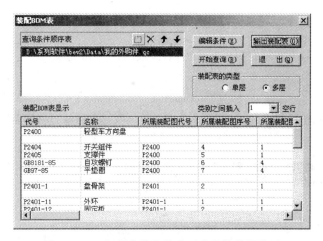

图 10-28 根据查询条件显示产品的装配关系

图 10-29 系统信息

产品树的系统信息分为总体信息、结构信息和组件信息。

总体信息 包括项目名称、查询时间、总组件数和有图纸的组件数等信息。

结构信息 表达产品树中组件间的装配关系,子组件比父组件向后缩进一定空格表示其从属关系。

组件信息 显示组件中属性的值。

如果需要,可以单击"保存结果"或"打印结果"按钮对产品系统信息进行保存或打印输出。

5. 文件检索

"文件检索"功能可以实现在"图纸管理"中检索本地计算机或网络计算机上符合查找条件的文件。

操作步骤

① 打开"图纸管理"工具，选择"文件"|"文件检索"菜单项，或直接单击"文件检索"工具按钮，系统弹出"文件检索"对话框，如图 10-30 所示。

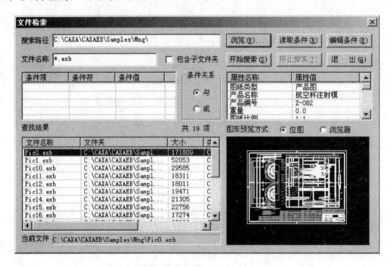

图 10-30 "文件检索"对话框

② 在"搜索路径"文本框中指定查找的范围。可以通过手工填写，也可以通过单击"浏览"按钮用路径浏览对话框选择。按文件的名称和扩展名进行查找时，支持通配符"*"。

③ 单击"编辑条件"按钮，在"编辑条件"对话框中进行相应的条件编辑，如图 10-31 所示。编辑好条件后，单击"添加条件"按钮，这时在"条件显示"区域就会显示相应的条件内容。单击"确定"按钮后，系统会弹出"保存"对话框，可以将编辑好的条件保存，在下次使用时可以直接单击"读取条件"按钮，打开已有的查询条件。

④ 设置好条件后，单击"开始搜索"按钮，系统会自动在搜索路径内进行搜索，将符合条件的文件显示在"查找结果"内。选择文件后系统会显示零件图纸中的属性名称和属性值以及零件的图

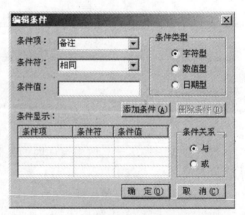

图 10-31 "编辑条件"对话框

纸,如图 10-32 所示。

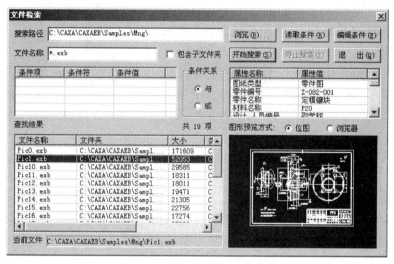

图 10-32 显示零件图纸属性

10.2 打印排版

打印排版功能主要用于批量打印图纸。该模块按最优的方式进行排版,可设置出图的图纸幅面大小和图纸的间距,并可手动调整图纸的位置、旋转图纸,以保证图纸不会重叠。

在 CAXA 电子图板中选择"工具"|"外部工具"|"打印排版工具"菜单项,即可打开"打印排版"界面,启动打印排版功能,如图 10-33 所示。

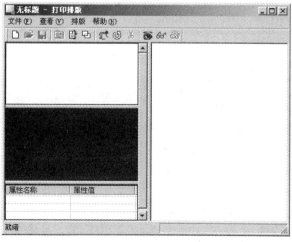

图 10-33 打印排版界面

1. 新建文件

建立新的排版环境,包括打印图纸输出幅面宽度、图纸间的间隙等。

在"打印排版"界面中选择"文件"|"新建"菜单项,或者单击"新建"工具按钮,弹出"选择排版参数"对话框如图 10-34 所示。在对话框中选择输出幅面(打印宽度),设置图纸间距并确定,即可开始排版。

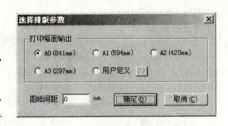

图 10-34 "选择排版参数"对话框

2. 插入、删除文件

(1) 插入文件

在"打印排版"界面中选择"排版"|"插入图形"菜单项,或单击"插入图形文件"工具按钮,在弹出的"打开"对话框中选定要插入的图形文件,并单击"打开"按钮如图 10-35 所示,打开的图形文件就插入到新建的打印排版环境中。在插入图形时,支持多文件选择,如图 10-36 所示。

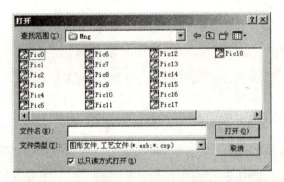

图 10-35 "打开"对话框

(2) 删除文件

在"打印排版"界面中选择"排版"|"删除图形"菜单项,或单击"删除图形文件"按钮,然后直接将选择的相关图形文件删除,也可以选中图形文件后右击,在弹出的快捷菜单中选择"删除"。

3. 手动调整

手动调整包括对图形的平移、翻转和重叠。

在"打印排版"界面中选择"排版"|"手动调整"菜单项,其子菜单中有"平移"和"翻转"两项功能,如图 10-37 所示。

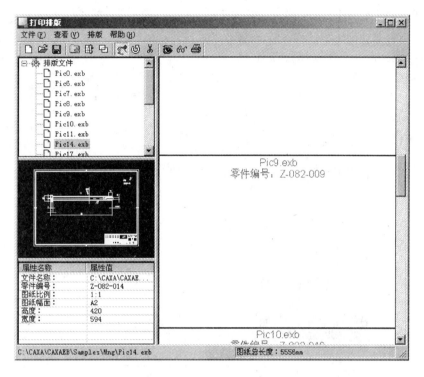

图 10-36 插入多个文件

(1) 平移调整

选择"平移"项或者单击"平移调整"工具按钮。用光标选中需要移动的图形,然后拖动,就可上下左右平移该图形。

(2) 翻转调整

选择"翻转"项或者单击"翻转调整"工具按钮。用光标选中需要翻转的图形,系统自动计算其两侧的翻转空间,使图形沿着顺时针或者逆时针方向翻转 90°。

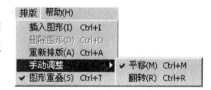

图 10-37 "手动调整"子菜单

(3) 图形重叠

在文件做平移和翻转调整时,将文件暂时重叠,便于文件位置的调整。

在"打印排版"界面中选择"排版"|"图形重叠"菜单项,或者单击"图形重叠"工具按钮,就可以直接对文件进行任意位置的调整。被重叠的图形将显示为灰色。

4. 重新排版

忽略手工排版所做的修改(移动、翻转、删除),进行重新排版。

在"打印排版"界面中选择"排版"|"重新排版"菜单项,或者单击"重新排版"工具按钮 。在弹出的"选择排版参数"对话框中重新选择打印幅面大小和图纸间距,如图10-38所示。单击"确定"按钮后,系统将对打开的多个图形文件进行重新排版。

此外,选中任意一张图纸右击,会弹出各项功能的快捷命令菜单以方便操作,如图10-39所示。

图 10-38 重新排版

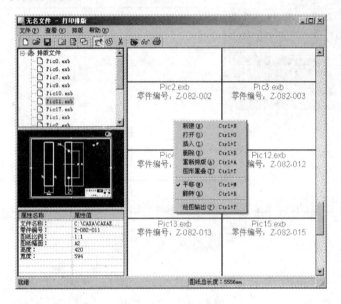

图 10-39 右键操作

5. 图形文件预览

图形文件的预览可以使用浏览器或位图浏览两种方式。单击工具按钮 将启动浏览器浏览方式。使用浏览器方式浏览时,可通过其工具条对指定的图形进行放大、缩小和平移等操作,但是选择图形时,显示速度将明显慢于位图浏览方式。

6. 幅面检查

检查图纸是否超出其幅面设置,以免图纸错位。单击工具按钮 可运行该功能。

7. 打印输出

将排版完毕的图形按一定要求由输出设备输出图形。

第 10 章 外部工具

操作步骤

① 在"打印排版"界面中选择"文件"|"绘图输出"菜单项,或者单击"绘图输出"工具按钮。在弹出的"打印设置"对话框中可以进行"线型设置"、"映射关系"、"文字消隐"及"定位方式"等一系列相关内容的设置,如图 10-40 所示,即可进行绘图输出。

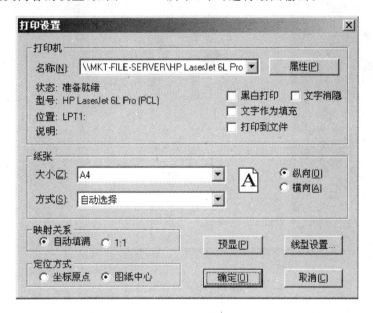

图 10-40 "打印设置"对话框

② 对话框中各选项的内容说明如下：

"打印机"设置区　在此区域内选择需要的打印机型号,并且相应地显示打印机的状态。

"纸张"设置区　在此区域内设置当前所选打印机的纸张大小以及纸张来源。

图纸方向设置区　选择图纸方向为"横向"或"纵向"。

图形与图纸的"映射关系"　指屏幕上的图形与输出到图纸上的图形的比例关系。

"自动填满"　指输出的图形完全在图纸的可打印区内。

"1∶1"　指图形按照 1∶1 的关系进行输出。注意：如果图纸幅面与打印纸大小相同,由于打印机有硬裁剪区,可能导致输出的图形不完全。要想得到 1∶1 的图纸,可采用拼图。

"预显"　单击此按钮后系统在屏幕上模拟显示真实的绘图输出效果(见图 10-41)。

"线型设置"　单击此按钮后系统弹出"线型设置"对话框(见图 10-42),系统允许输入标准线型的输出宽度。在下拉列表框中列出了国家标准规定的线宽系列值。用户可选其中任一组,也可在文本框中输入数值。线宽的有效范围为 0.08~2.0 mm。

注　意　当设备为笔式绘图仪时,线宽与笔宽有关。

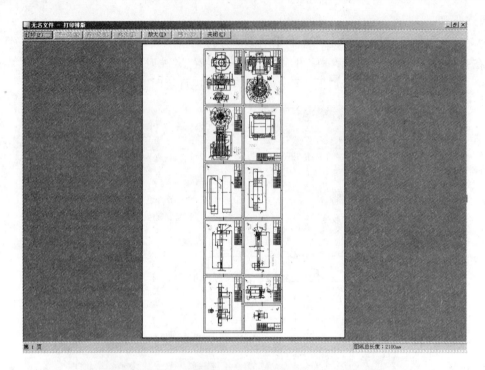

图 10-41 打印预显

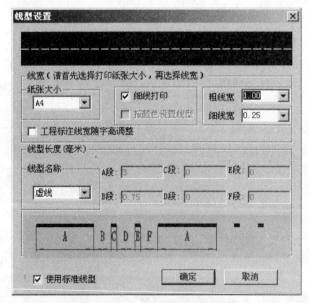

图 10-42 "线型设置"对话框

"**打印到文件**" 如果不将文档发送到打印机上打印,而将结果发送到文件中,可选中"打印到文件"复选框。选中该开关后,系统将控制绘图设备的指令输出到一个扩展名为.prn 的文件中,而不是直接送往绘图设备。输出成功后,用户可单独使用此文件,在没有安装 EB 的计算机上输出。

"**文字消隐**" 在打印时,设置是否对文字进行消隐处理。

"**黑白打印**" 在支持灰度的黑白打印的打印机上,可达到更好的黑白打印效果,而不会出现某些图形颜色变浅看不清楚的问题,使得电子图板输出设备的能力得到了进一步加强。

"**文字作为填充**" 在打印时,将文字作为图形来处理。

"**定位方式**" 有两种方式可以选择,即坐标原点定位和图纸中心定位。

10.3 CAXA_EB 文件浏览器

CAXA_EB 文件浏览器主要用于查看扩展名为.exb 的文件,并可以使用放大、缩小及窗口显示等显示操作来浏览图纸,而且显示变换操作可以进行 Undo/Redo,并可打印出图。

选择 CAXA 电子图板 2005(企业版)菜单中的"工具"|"外部工具"|"Exb 文件浏览器"菜单项,即可激活文件浏览器功能,弹出文件浏览器界面,如图 10-43 所示。

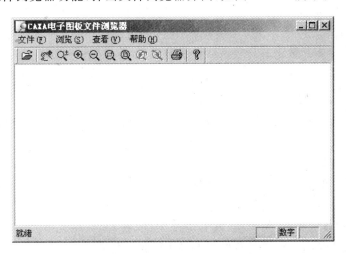

图 10-43 文件浏览器界面

1. 打开文件

选择文件浏览器菜单中的"文件"|"打开"菜单项,或者单击"打开"工具按钮或者执行快捷键命令 Ctrl+O,即可激活"打开"命令,弹出文件"打开"对话框,如图 10-44 所示。

选定要打开的文件,可以预览图形文件的有关信息和图形。单击"打开"按钮后,即可在文

图 10－44 "打开"对话框

件浏览器中对图形文件进行浏览操作。

2. 浏览文件

选择浏览器的"浏览"菜单中的各项功能或者直接单击对应的工具按钮，能对打开的图形文件进行浏览。

(1) 显示窗口

选择"浏览"|"显示窗口"菜单项，或者单击"显示窗口"工具按钮，即可激活该功能，拖动用方框画出需要显示的图形区域，单击确认，此区域便以整个窗口显示出来。

(2) 显示缩小

选择"浏览"|"显示缩小"菜单项，或者单击"显示缩小"工具按钮，即可激活该功能，光标变成"显示缩小"图标，在窗口任意位置单击便可缩小图形。

(3) 显示放大

选择"浏览"|"显示放大"菜单项，或者单击"显示放大"工具按钮，即可激活该功能，光标变成"显示放大"图标，在窗口任意位置单击便可放大图形。

(4) 动态显示缩放

选择"浏览"|"动态缩放"菜单项，或者单击"动态缩放"工具按钮，即可激活该功能，光标变成"动态缩放"图标，选中图形，上下拖动就能放大或缩小图形。使用 Shift＋鼠标右键也可实现该项功能。

(5) 动态平移

选择"浏览"|"动态平移"菜单项，或者单击"动态平移"工具按钮，即可激活该功能，光

标变成"动态平移"图标,选中图形拖动就能平行移动图形。使用 Shift+鼠标左键也可实现该项功能。

(6) 显示全部

选择"浏览"|"显示全部"菜单项,或者单击"显示全部"工具按钮 ![btn],即可激活该功能,被放大或者缩小的图形便以填满窗口的形式全部显示出来。

(7) 显示复原

选择"浏览"|"显示复原"菜单项,即可激活该功能,被放大或者缩小的图形便会恢复到原始显示状态。

(8) 显示回溯

选择"浏览"|"显示回溯"菜单项,或者单击"显示回溯"工具按钮 ![btn],即可激活该功能,图形回到前一显示状态。

(9) 显示向后

选择"浏览"|"显示向后"菜单项,或者单击"显示向后"工具按钮 ![btn],即可激活该功能,图形回到后一显示状态。